LINXIA SHIYONG ZHIWU ZIYUAN JI
JIAGONG JISHU

林下食用植物资源及加工技术

梁薇薇 欧阳乐 著

中国纺织出版社有限公司

内 容 提 要

为促进我国林下食用植物资源的开发与利用，满足研究和生产需要，本书突出了对林下食用植物资源的特点、采集、贮藏和加工技术等方面的论述，以提高实际运用的指导意义。

全书共五章，第一章为林下食用植物资源开发利用现状，第二章至第五章分别为林下食用菌、林下食用浆果、林下食用坚果、药食同源植物的综合利用论述。本书适合从事林下植物资源开发利用的企业、研究人员使用，也可供从事食品加工等领域专业技术人员参考。

图书在版编目（CIP）数据

林下食用植物资源及加工技术 / 梁薇薇，欧阳乐著. -- 北京：中国纺织出版社有限公司，2025.6. -- ISBN 978-7-5229-2674-2

Ⅰ. Q949.9

中国国家版本馆 CIP 数据核字第 2025XS3832 号

责任编辑：金 鑫 国 帅　责任校对：王蕙莹
责任印制：王艳丽

中国纺织出版社有限公司出版发行
地址：北京市朝阳区百子湾东里 A407 号楼　邮政编码：100124
销售电话：010—67004422　传真：010—87155801
http://www.c-textilep.com
中国纺织出版社天猫旗舰店
官方微博 http://weibo.com/2119887771
三河市宏盛印务有限公司印刷　各地新华书店经销
2025 年 6 月第 1 版第 1 次印刷
开本：710×1000　1/16　印张：9.75
字数：187 千字　定价：68.00 元

凡购本书，如有缺页、倒页、脱页，由本社图书营销中心调换

前　　言

随着近年来植物化学研究的深入，林下食用植物资源以其营养丰富、口味独特、具有多种功能特性以及绿色、安全的特点而受到全社会的关注。我国野生食用植物资源种类繁多，储量丰富，分布广泛。党的二十大报告指出，要树立大食物观，构建多元化食物供给体系。科学开发和应用林下食用植物资源，是树立大食物观最好的践行方式之一。目前，我国对林下食用植物资源开发利用的程度非常有限，在保护自然环境的前提下，实现资源的合理利用，对提高人类的健康水平具有一定的意义。

本书结合我国林下食用植物资源的分布及其特点，针对林下食用菌、林下食用浆果、林下食用坚果、药食同源植物的特点、采集、贮藏和加工技术等方面进行了论述。本书的编写，依托于哈尔滨学院食品工程学院与大兴安岭地区漠河市政府共建的寒地农林食品研发中心。同时，作者梁薇薇负责的哈尔滨市社科联项目"寒地林下食用资源提取物制备纳米硒技术优化"，以及横向科研项目"大兴安岭野生蓝莓系列产品研发"，也为本书提供了重要支撑。希望能够对从事该领域研究和生产的读者有一定帮助。

本书编写分工如下：第一章、第三章、第五章由梁薇薇编写，第二章、第四章由欧阳乐编写。

由于编写水平、资料收集等诸多局限，书中难免存在错误和不妥之处，恳请读者批评指正。

著　者
2025 年 1 月

目 录

第一章　林下食用植物资源开发利用现状 …………………………… 1
　　一、林下食用菌植物资源 ……………………………………………… 1
　　二、林下食用浆果植物资源 …………………………………………… 1
　　三、林下食用坚果植物资源 …………………………………………… 2
　　四、药食同源植物资源 ………………………………………………… 2

第二章　林下食用菌加工技术 …………………………………………… 4
　第一节　食用菌的种类及特性 …………………………………………… 4
　　一、食用菌的分类及鉴别 ……………………………………………… 4
　　二、食用菌营养价值和功能特性 ……………………………………… 11
　第二节　食用菌深加工技术及综合利用 ………………………………… 18
　　一、食用菌风味食品 …………………………………………………… 18
　　二、食用菌系列休闲食品 ……………………………………………… 22
　　三、食用菌功能饮料 …………………………………………………… 26
　　四、食用菌保健酒 ……………………………………………………… 30
　　五、食用菌调味品 ……………………………………………………… 31
　　六、食用菌药品的开发 ………………………………………………… 33

第三章　林下食用浆果加工技术 ………………………………………… 36
　第一节　林下食用浆果的种类及特性 …………………………………… 36
　　一、常见林下食用浆果 ………………………………………………… 36
　　二、常见林下食用浆果的化学成分与功能特性 ……………………… 38
　第二节　浆果饮料的加工 ………………………………………………… 46
　　一、山葡萄饮料 ………………………………………………………… 46
　　二、笃斯越橘饮料 ……………………………………………………… 49

  三、刺梨饮料 …… 50
  四、蓝靛果汁 …… 53
  五、草莓饮料 …… 53
  六、刺玫果汁 …… 55
 第三节　浆果色素的提取 …… 56
  一、天然色素的提取纯化方法 …… 56
  二、浆果色素的提取 …… 58
 第四节　浆果加工中副产物的综合利用 …… 64
  一、山葡萄 …… 64
  二、刺梨 …… 70

第四章　常见林下食用坚果加工技术 …… 72
 第一节　核　桃 …… 72
  一、核桃的化学成分与功能特性 …… 72
  二、核桃的采收与贮藏 …… 75
  三、核桃焙烤及核桃粉加工 …… 79
  四、核桃油 …… 83
  五、核桃的综合利用 …… 88
 第二节　榛　子 …… 89
  一、榛子的化学成分与功能特性 …… 90
  二、榛子的采收与贮藏 …… 91
  三、榛子加工产品 …… 91
  四、榛子的综合利用 …… 97
 第三节　松　子 …… 98
  一、红、偃松化学成分与功能特性 …… 98
  二、松子的采收与贮藏 …… 100
  三、松子加工产品 …… 100
  四、松子的综合利用 …… 105

第五章　药食同源植物的加工及利用 …… 106
 第一节　国家规定的药食同源植物 …… 107

第二节 桑 葚 ... 107
一、桑葚的有效成分 ... 108
二、桑葚的采收与贮藏 ... 108
三、桑葚的加工及利用 ... 109

第三节 决 明 子 ... 111
一、决明子的有效成分 ... 111
二、决明子的加工及利用 ... 112

第四节 黑 芝 麻 ... 115
一、黑芝麻的成分及性质 ... 115
二、黑芝麻的加工及利用 ... 116

第五节 薏 苡 仁 ... 119
一、薏苡仁的成分及性质 ... 119
二、薏苡仁的采收与贮藏 ... 120
三、薏苡仁的加工及利用 ... 120

第六节 枸 杞 子 ... 123
一、枸杞子的成分及性质 ... 123
二、枸杞子的采收与贮藏 ... 123
三、枸杞子的加工及利用 ... 125

第七节 乌 梅 ... 126
一、乌梅的成分及性质 ... 126
二、乌梅的采收与贮藏 ... 126
三、乌梅的加工及利用 ... 127

第八节 葛 根 ... 128
一、葛根的成分及性质 ... 129
二、葛根的采收与贮藏 ... 129
三、葛根的加工及利用 ... 130

第九节 罗 汉 果 ... 133
一、罗汉果的成分及性质 ... 133
二、罗汉果的采收与贮藏 ... 134

第十节 银 杏 ... 138
一、银杏的成分及性质 ... 138

二、银杏的采收与贮藏 …………………………………………… 139

三、银杏的加工及利用 …………………………………………… 141

参考文献 ………………………………………………………………… 144

第一章 林下食用植物资源开发利用现状

林下食用植物资源是指那些可直接被人类食用或其中含有的化合物经分离重组后可被人类食用的野生原料植物（含食用菌），这类野生植物具有维持和延续生命、调节改善生理机能、增进健康等功能。林下食用植物资源由于种类繁多、数量庞大、分布广泛，不但风味独特，而且营养价值高，被现代人视为真正的无公害绿色食品，其保健和药用功效越来越引起世界的关注，成为学者们新一轮的研究热点。

下面就分别从林下食用菌、林下食用浆果、林下食用坚果、药食同源植物这四个方面来叙述林下食用植物资源开发利用的现状。

一、林下食用菌植物资源

林下食用菌是指可供人类食用的大型真菌。我国的林下食用菌资源十分丰富，据统计我国已知的林下食用菌约659种，它们分属于41个科、132个属，其中担子菌620种（占94.4%），子囊菌39种（占5.6%）。林下食用菌是一类有机、营养、保健的绿色食品，含有多种生物活性物质，如菌类多糖、β-葡萄糖和RNA复合体、天然有机锗、核酸降解物、cAMP和三萜类化合物等，对维护人体健康有重要的利用价值。同时目前国内外的大量研究表明，食用菌具有抗癌、抗菌、抗病毒、降血压、降血脂、抗血栓、抗心律失常、强心、健胃、助消化、止咳平喘、祛痰、利胆、保肝、解毒、降血糖、通便利尿、免疫调节等功能。以食用菌为原料生产加工的保健食品、保健饮料、酒及药品大量用于医疗临床并投入保健品市场。

二、林下食用浆果植物资源

林下食用浆果是果实的一种类型，属于单果，浆果类果树种类很多，如葡萄、猕猴桃、树莓、越橘、果桑、石榴、蓝莓、西番莲等。浆果的外果皮较薄，中果皮和内果皮则肉质多汁较为发达。目前国内外研究表明常见的林下浆果比如树莓、红豆越橘、野生蓝莓等均具有较好的抗紫外线和微波辐射效果，尤其是红豆越橘和野生蓝莓具有很强的抗微波辐射和紫外线的能力，可作为抗辐射食品开发的资源，甚至可以运用到航空航天等领域。目前市场上林下食用浆果加工品主要包括以下几类：一是以整果或果浆的形式，加工成果汁、果酒、果饮料、蜜饯等产品；二是以果粉的形式，作为天然食品添加剂加入糕点、面包、糖果、馅饼、冰激凌等食品中；三是提取果实中多酚及黄酮类抗氧化活性成分，用于保健品或高级化妆品生产。

三、林下食用坚果植物资源

我国具有丰富的林下食用坚果植物资源，尤其是东北大兴安岭、小兴安岭、长白山林区林下食用坚果植物资源品种及产量均位居世界前列。大多数成熟的坚果都是香味四溢，甘甜清脆，余味无穷，而且它们一般都营养丰富，蛋白质、油脂、矿物质、维生素含量较高，对人体生长发育、增强体质、预防疾病有极好的功效（世界卫生组织在第113届会议上，专门将这类食品归为最佳健脑食品），是药食两用的果中珍品，如坚果之王的榛子、长寿之果的核桃、肾之果的板栗，还有油之果的松子等。野生坚果的产出，在其果树量一定的情况下，与其品种、气候、果树大小、年龄以及管理、采收密不可分，为更有效地开发利用其化学和药用价值，使之商品化、产业化，急需普及科学加工技术，更充分利用我国丰富的林下食用坚果资源。

四、药食同源植物资源

药食同源植物是指具有药用食用双重功效的植物，国家卫生健康委员会2024年公布的最新药食同源植物目录主要有101类植物。研究此类植物的目的在于开发具有治疗和保健双重功能的食品，针对某些病症进行食疗和配制药膳，对于植株中含有的重要成分进行提取，制成具有针对疗效的制剂。目前国际上，研究人员提取分离出植物的有效活性成分，并开发出相应的保健食品和功能食品，市场前景广阔。日本保健食品的发展方向为营养补充剂和中医药滋补品，其市场价值在2020年就达到了5610亿日元；韩国健康膳食补充剂协会发布的数据显示，2019年韩国膳食补充剂市场规模达到38.63亿美元；美国植物委员会发布了2020年美国市场的植物药市场报告，在2020年美国植物补充剂首次实现了两位数的增长，数据显示，2020年市场销售额历史首次超过100亿美元，达到112.61亿美元，较2019年增长了17.3%；欧洲的开发主要集中在调节身体机能、维护和改善身体健康、降低疾病的发病率等方面。我国的药食同源植物有效成分的工业化加工程度不高。在加工手段上，目前我国国内的企业只停留在粗加工、单剂型上，严重阻碍了对药食同源植物类保健食品的开发。在加工技术上，采取水提或有机溶剂提取等初级手段，真空冻干、膜分离、超临界萃取和超微粉碎等新型技术的应用不是很普遍。而生物工程、纳米技术、基因工程等新的研究方向和对第三代产品的开发还处于初级阶段。

综上所述，人们对林下食用植物资源的认识和开发利用在不断深入和扩大，科研工作者正在建立食用植物资源开发利用分类系统，在保护培植和开发利用并重的同时，也致力于研究其中有效成分的分离、提取、纯化和结构测定，从而在研究单一营养成分与活性物质的基础上，开发出新型的具有生物活性的食用植物资源。为了满足人们对日常饮食和健康的需要，还要发展绿色食品，对从植物原料到食品生产的全部工艺过程进行安全、无污染、无公害的研究。

第二章　林下食用菌加工技术

第一节　食用菌的种类及特性

一、食用菌的分类及鉴别

（一）食用菌的分类

食用菌的分类及其鉴别主要是根据食用菌的子实体及孢子的形态特征。另外，某些生化性状也用在食用菌的分类及其鉴别上。

1. 担子菌亚门

担子菌亚门孢子生于担子上，子实体胶质、脑状、耳状、瓣片状，无柄，黏或潮湿时黏，担子分隔或分叉，子实体肉质、韧肉质、革质、脆骨质或膜质，有柄或无柄，黏或不黏，担子不分割。绝大多数食用菌都属于担子菌亚门，担子菌亚门主要分为：

耳类食用菌：木耳、银耳和桂花耳等。

非褶菌类食用菌：猴头菇、灵芝、茯苓、灰树花、猪苓等。

伞菌类食用菌：平菇、香菇、草菇、金针菇、红菇、口蘑、松口蘑等。

腹菌类食用菌：竹荪、马勃等。

2. 子囊菌亚门

子囊菌亚门种类虽少，但营养价值很高，其子实体呈盘状、马鞍状或羊肚状，孢子生于子囊内。子囊菌亚门主要分为：

麦角菌目、麦角菌科食用菌：冬虫夏草、霍克斯虫草、珊瑚虫草、蛹虫草等。

盘菌目食用菌：马鞍菌、鹿花菌、羊肚菌等。

块菌目食用菌主要是块菌。

（二）食用菌的鉴别

担子菌亚门和子囊菌亚门食用菌主要根据各自的菌丝体和子实体的形态结构特征来加以鉴别。常见食用菌的形态特征、分类地位、分布情况以及形态如下。

1. 木耳

木耳，别名黑木耳、光木耳。

分类地位：隶属担子菌纲，木耳目，木耳科。

形态特征：木耳子实体为胶质，呈圆盘形，耳形不规则，直径3~12cm，新鲜时软，干后成角质，黑木耳形态见图2-1。

图2-1　木耳

分布地区：黑木耳在我国分布较广，北起黑龙江、南至海南岛、西至甘肃、东到福建及台湾。其中黑龙江、湖北、湖南、四川、贵州为主要产区。

2. 银耳

银耳又称白木耳、银耳子。

分类地位：隶属担子菌纲。

形态特征：子实体纸白至乳白色，胶质，半透明，柔软有弹性，由数片至10余片瓣片组成，形似菊花形、牡丹形或绣球形，直径3~15cm，干后收缩，角质，硬而脆，白色或米黄色。子实层生于瓣片表面。担子近球形或近卵圆形，纵分隔，$(10\sim12)\mu m\times(9\sim10)\mu m$，银耳形态见图2-2。

图2-2　银耳

生态习性：夏秋季生于阔叶树腐木上。目前，国内人工栽培使用的树木为椴木、栓皮栎、麻栎、青刚栎、米槠等100多种。

分布地区：银耳分布于我国浙江、福建、江苏、江西、安徽、台湾、湖北、海南、湖南、广东、香港、广西、四川、贵州、云南、陕西、甘肃、内蒙古、西藏等地。

3. 猴头菇

猴头（*Hericium erinaceus*）又称猴头菇、猴头蘑、菜花菌、刺猬菌、对脸蘑、山伏菌，日本称为山伏茸。

分类地位：隶属真菌门、担子菌亚门、非褶菌目、猴头菌科、猴头菌属。

形态特征：猴头菇的子实体新鲜时呈白色，干后呈淡黄色或黄褐色，块状，直径一般为5~20cm。猴头菌子实体由许多粗短分枝组成，但分枝极度肥厚而短缩，互相融合，呈花椰菜状，仅中间有一小空隙，全体成一大肉块，基部狭窄，上部膨大，布满针状肉刺。肉刺上着生子实层。肉刺较发达，有的长达3cm，下垂，开始为白色，然后变为黄褐色，整个子实体像猴子的脑袋，色泽像猴子的毛，故称为猴头菇，猴头菇形态见图2-3。

图2-3　猴头菇

分布地区：猴头菇分布于东北各省和河南、河北、西藏、山西、甘肃、陕西、内蒙古、四川、湖北、广西、浙江等地。

4. 灵芝

分类地位：隶属真菌门、担子菌亚门、非褶菌目。

形态特征：担子果一年生到多年生，无柄，木栓质到木质。菌盖半圆形，(6.5~13)cm×(4.5~10)cm，厚约4cm，表面黑褐色或灰褐色，无似漆样光泽，有显著的环棱和环带，有时龟裂；边缘圆钝，与菌盖同色或有时呈红褐色；菌肉呈均匀的棕褐色或肉桂色，质地硬，1.5~2cm厚，间有黑色壳质层；菌管褐色到深褐色，多层时管层间无菌肉相间隔，每层长5~7mm；孔面褐色或黄褐色，有时呈黄色；管口略圆形，每毫米4~5个。皮壳构造由透明薄壁的生殖菌丝和厚壁褐色的骨架菌丝胶粘在一起而构成，表面由一层透明的菌丝组成，菌丝间不易分离；生殖菌丝直径2~3.5μm，有的菌丝顶端呈棍棒状；骨架菌丝直径4~4.5μm；总厚度50~60μm，坚硬，近似类交织皮壳型。菌丝系统有三体型：生殖菌丝透明，薄壁，分枝，有横隔膜，直径3~6μm；骨架菌丝淡褐色到褐色，厚壁到实心，具树状分枝或呈针状，骨架干直径3~5μm，分枝末端形成鞭毛状无色缠绕菌丝；缠绕菌丝无色到略带黄褐色，厚壁到实心，近直角分枝，直径1~2μm，类似灰球菌型。担孢子呈椭圆形、宽椭圆形或顶端稍平截，双层壁，外壁无色透明，平滑，内壁小刺明显，淡褐色到褐色，(7.5~13)μm×(5.8~7.7)μm，灵芝形态见图2-4。

图2-4 灵芝

分布地区：灵芝分布于华东、西南及吉林、河北、山西、江西、广东、广西等地。紫芝产于浙江、江西、湖南、四川、福建、广西、广东等地。

5. 香菇

香菇又称香蕈、椎耳、香信、冬菇、厚菇、花菇。

分类地位：隶属真菌门、担子菌亚门，伞菌类。

形态特征：子实体较小至稍大，菌盖直径5~12cm，可达20cm，扁平球形至稍平展，表面呈浅褐色、深褐色至深肉桂色，有深色鳞片，而边缘往往鳞片色浅至污白色，有毛状物或絮状物，菌肉白色，稍厚或厚，细密，菌褶白色，密、弯生、不等长。菌柄中生至偏生，白色，常弯曲，长3~8cm，粗0.5~1.5cm，菌环以下有纤毛状鳞片，内实，纤维质，菌环易消失，白色，香菇形态见图2-5。

图2-5 香菇

分布地区：浙江、福建、台湾、安徽、湖南、湖北、江西、四川、广东、广西、海南、贵州、云南、陕西、甘肃等地区。

6. 草菇

分类地位：隶属真菌门、担子菌亚门，伞菌类。

形态特征：子实体较大，菌盖直径5~19cm，接近钟形，后伸展，中部稍凸起，干燥，灰色至灰褐色。中部色深，具辐射的纤毛状线条。菌肉白色，松软，中部稍厚。菌褶白色，后粉红色稍密，宽，离生，不等长。菌柄圆柱形，长5~18cm，粗0.8~1.5cm，白色或带黄色，光滑，内实。菌托较大，杯状，厚，白色至灰黑色，草菇形态见图2-6。

图2-6 草菇

生态习性：秋季在草堆上群生。我国南方多用稻草进行人工栽培。

分布地区：河北、福建、台湾、湖南、广西、四川、西藏等地。

7. 松口蘑

分类地位：隶属真菌门、担子菌亚门、伞菌类。

形态特征：子实体中等至较大。菌盖直径 5~10cm，扁半球形至近平展，污白色，具黄褐色至栗褐色平伏的丝毛状鳞片，表面干燥。菌肉白色，厚。菌褶白色或稍带乳黄色，密，弯生，不等长。菌柄较粗壮，长 6~13.5cm，粗 2~2.6cm，菌环以上污白色并有粉粒，菌环以下具栗褐色纤毛状鳞片，内实，基部有时稍膨大。菌环生菌柄的上部呈丝膜状，上面白色，下面与菌柄同色，孢子印白色。孢子无色，光滑，宽椭圆形至近球形，(6.5~7.5)μm×(4.5~6.2)μm，松口蘑形态见图 2-7。

图 2-7 松口蘑

生态习性：秋季在松林或针阔混交林中地上群生或散生，或形成蘑菇圈。往往和松树形成菌根关系。

分布地区：黑龙江、吉林、安徽、台湾、四川、甘肃、山西、贵州、云南、西藏等地区，在福建和台湾产有台湾松口蘑。

8. 竹荪

竹荪，俗称竹参、竹笙、面纱菌、网纱菌、竹姑娘。

分类地位：竹荪隶属于腹菌纲、鬼笔目、鬼笔科、竹荪属。

形态特征：幼担子果菌蕾呈圆球形，具有三层包被：外包被薄，光滑，灰白色或淡褐红色；中层胶质；内包被坚韧肉质。成熟时包被裂开，菌柄将菌盖顶出，柄中空，高 15~20cm，白色，外表由海绵状小孔组成；包被遗留于柄下部形成菌托；菌盖生于柄顶端呈钟形，盖表凹凸不平呈网格，凹部分密布担孢子；盖下有白色网状菌幕，下垂如裙，长达 8cm 以上；孢子光滑，透明，椭圆形，（3~3.5）μm×（1.5~2）μm，竹荪形态见图 2-8。

图 2-8　竹荪

分布地区：云南、四川、贵州、湖北、安徽、江苏、浙江、广西、海南等地，其中以云南省昭通地区最为闻名。

9. 马勃

分类地位：马勃菌目、马勃菌科、马勃属。

形态特征：子实体小，近球形，宽11.8cm，初期白色，后变土黄色及浅茶色，无不孕基部，由根状菌丝索固定于基物上。外包被由细小易脱落的颗粒组成。内包被薄，光滑，成熟时顶尖有小口。内部蜜黄色至浅茶色。孢子呈球形，浅黄色，近光滑，3~4μm，有时具有短柄。孢丝分枝，与孢子同色，粗3~4μm。马勃形态见图 2-9。

图 2-9　马勃

生态习性：夏秋季生草地上。

分布地区：河北、山西、内蒙古、辽宁、江西、福建、台湾、湖南、广东、香港、广西、海南、陕西、青海、四川、西藏、云南等地。

10. 羊肚菌

又称羊肚菜、美味羊肚菌。

分类地位：盘菌目、羊肚菌科、羊肚菌属。

形态特征：子实体较小或中等，6~14.5cm，菌盖呈不规则圆形，长圆形，长4~6cm，宽4~6cm。表面形成许多凹坑，似羊肚状，淡黄褐色，柄白色，长5~7cm，宽2~2.5cm，有浅纵沟，基部稍膨大，生长于阔叶林地上及路旁，单生或群生。羊肚菌形态见图2-10。

图2-10 羊肚菌

分布地区：吉林、河北、山西、陕西、甘肃、青海、四川、江苏、浙江、江西、云南、海南、新疆、西藏等地。

二、食用菌营养价值和功能特性

（一）食用菌的营养价值

食用菌的营养成分取决于其遗传基础所导致的生物化学特征。此外，环境条件和培养基质对营养成分也有影响。食用菌和其他生物一样，收获后仍进行代谢，不同发育阶段的子实体及其采收后的储存和加工方式也会导致其化学成分的改变。表2-1列出了几种常见食用菌的营养成分。

表 2-1　几种常见食用菌的营养成分　　单位:%（以干物质计）

品种	水分	粗脂肪	碳水化合物		粗纤维	灰分
			总碳	无氮化合物		
双孢蘑菇	84.4	4.9	56.9	49	9.2	9.8
香菇	90.9	6.5	72.7	65.1	7.6	5.0
金针菇	89.2	1.9	73.1	69.4	3.7	7.4
美味侧耳	92.2	1.1	59.2	—	12.0	9.1
草菇	89.1	2.4	—	45.3	9.3	8.8
木耳	89.1	8.3	82.2	63.0	19.8	4.7

1. 水分

水分是食用菌细胞的主要成分。鲜菇含水量一般在85%~95%之间（平菇偏低为73.7%），与新鲜蔬菜大体相似。而商品干菇含水量是5%~20%，平均10%~20%，菇体内的水分以游离水、结合水和化合水三种不同状态存在。

2. 干物质

在食用菌的干物质中，有90%~97%是有机物，其组成大体如下：粗蛋白为25%，粗脂肪为8%，碳水化合物为60%（其中糖类为52%、粗纤维8%），其余7%为无机物（表2-1），上述各种有机物的含量在各种食用菌中差异很大。食用菌中粗蛋白、灰分的含量在子实体形成过程中逐渐减少，而碳水化合物、粗脂肪的含量则随子实体的生长而有所增加。

3. 蛋白质

表2-2给出了双孢蘑菇、香菇、金针菇、草菇、美味侧耳的蛋白质含量，这些数据表明，食用菌中双孢蘑菇、美味侧耳、草菇的蛋白质含量比较高，都超过20%（按干重计算）。而稻米仅含7.3%，小麦为13.2%，大豆为39.1%，牛奶为25%，猪肉为16.9%。食用菌的天然蛋白质含量虽低于豆类食品，但却高于其他大多数食物甚至高于牛奶、猪肉。据估计，全世界每年约有5亿人患蛋白质营养不足症，所以大力发展食用菌产业，是解决世界粮食不足，特别是解决严重缺乏蛋白质的有效途径之一。

表 2-2　蛋白质含量对比表　　单位：g/100g（以干物质计）

名称	蛋白质	名称	蛋白质
双孢蘑菇	23.9~34.8	稻米	7.3
香菇	13.4~17.5	小麦	13.2
金针菇	17.6	大豆	39.1
草菇	25.9	牛奶	25
美味侧耳	25.0	猪肉	16.9

4. 氨基酸

绝大多数的食用菌中均含有人体所需要的必需氨基酸，以及最常见的非必需氨基酸和酰胺态氮。蘑菇、香菇、草菇、平菇四种菇类的氨基酸含量大体相近，但各种氨基酸组成的百分数是有区别的。其中草菇的必需氨基酸含量稍高一些，其次是平菇、蘑菇、香菇（表2-3）。

表 2-3　食用菌氨基酸组成比较　　　　　　　　　　　　　　　　单位:%

	氨基酸种类	蘑菇	香菇	草菇	平菇
必需氨基酸	异亮氨酸	4.3	4.4	4.2	4.9
	亮氨酸	7.2	7.0	5.5	7.6
	赖氨酸	10.0	3.5	9.8	5.0
	甲硫氨酸	痕量	1.8	1.6	1.7
	苯丙氨酸	4.4	5.3	4.1	4.2
	苏氨酸	4.9	5.2	4.7	5.1
	缬氨酸	5.3	5.2	6.5	5.9
	酪氨酸	2.2	3.5	5.7	3.5
	色氨酸	—	—	1.8	1.4
	总计	38.3	35.9	43.9	39.3
非必需氨基酸	丙氨酸	9.6	6.1	6.3	8.0
	精氨酸	5.5	7.0	5.3	6.0
	天冬氨酸	10.7	7.9	8.5	10.5
	胱氨酸	痕量	—	—	0.6
	谷氨酸	17.2	27.2	17.6	18.0
	甘氨酸	5.1	4.4	4.5	5.2
	组氨酸	2.2	1.8	4.1	1.8
	脯氨酸	6.1	4.4	5.5	5.2
	丝氨酸	5.2	5.2	4.3	5.4
	总计	61.6	64.0	56.1	60.7

除各种普通氨基酸和酰胺外，有些食用菌还含有罕见的氨基酸和含氮化合物。双孢蘑菇中测出53种含氮化合物，其中得到明确鉴定的有α-氨基己二酸、β-氨基异丁酸、刀豆氨酸、肌肽、肌酸肝、丝氨酸和羟基赖氨酸等。

5. 脂肪

常见食用菌的粗脂肪含量占其干重的1.1%～8.0%，平均为4%。一般而言，食用菌的脂肪种类齐全，包括游离脂肪酸和甘油单酯、甘油双酯、甘油三酯、固醇、固醇酯和磷酸酯等，其中不饱和脂类含量高于饱和脂类。

食用菌所含的脂肪酸中，至少有74%为不饱和脂肪酸（表2-4）。这些不饱和脂肪酸主要为亚油酸。在人们的日常饮食中，不饱和脂肪酸是必需的营养物质。而动物脂肪中所含的大量饱和脂肪酸对过多摄入的人不利。因此，食用菌中含有高比例的不饱和脂肪酸，是其作为健康食品的重要因素之一。

表2-4　食用菌中脂肪酸、不饱和脂肪酸及饱和脂肪酸的含量　　单位:%（以干物质计）

食用菌种类	脂肪酸总量	不饱和脂肪酸	饱和脂肪酸
草菇	3.0	3×85.4	3×14.6
香菇	2.1	3×80.1	3×19.9
双孢蘑菇	3.1	3×80.5	3×19.5
凤尾菇	1.6	3×79.3	3×20.7
黑木耳	1.3	3×74.2	3×25.8
银耳	0.6	3×77.2	3×22.8

6. 维生素

食用菌中含有多种维生素，如硫胺素（维生素B_1）、核黄素（维生素B_2）、生物素和抗坏血酸（维生素C）。食用菌维生素含量以每克干子实体中所含的毫克数表示，则草菇的维生素B_1含量为0.35mg，双孢蘑菇为1.14mg，香菇为7.8mg；维生素B_2的含量草菇为1.63~2.98mg，而在双孢蘑菇和香菇中超过5.0mg。草菇维生素C的含量为2.06mg，香菇维生素C的含量为1.13mg，而双孢子菇维生素C的含量只有0.67mg（表2-5）。

表2-5　常见食用菌维生素含量　　单位：mg（以干子实体计）

品种	维生素B_1	维生素B_2	维生素C
草菇	0.35	1.63~2.98	2.06
香菇	7.8	5.1	1.13
双孢蘑菇	1.14	5.4	0.67

7. 纤维素

食用菌中的纤维素是真菌纤维素，它是N-乙酰基葡萄糖胺的聚合物，由于它所具有的特殊生理活性，近年来逐渐为营养学家所重视。给糖尿病人以纤维素膳食可以减少其对胰岛素的需要量，并稳定病人的血糖浓度，而纤维素也是食用菌重要的营养成分。

食用菌中木耳含有的食物纤维总量为55.5%,食物纤维总量与粗纤维之比达到8.7,这两项指标均达到最高,金针菇含有38.5%的食物纤维总量,香菇为37.5%,灰树花为40.3%,双孢蘑菇为29.9%（表2-6）。

表2-6 食用菌食物纤维含量　　　　　　　　　　单位:%（以干物质计）

食用菌品种	纤维素	半纤维素	食物纤维总量	食物纤维总量/粗纤维
金针菇	11.4	24.2	38.5	3.2
香菇	12.0	22.2	37.5	5.1
灰树花	21.0	12.4	40.3	3.4
木耳	10.4	34.8	55.5	8.7
双孢蘑菇	11.1	13.0	29.9	3.2

8. 矿物质

食用菌是一类较好的矿物质源,这些矿物质来源主要是通过菌丝吸收基质中的矿物质并转运到子实体中。食用菌中含量最高的矿物质是钾,钾的氧化物（K_2O）约为灰分总量的50%,其次是磷,磷的含量仅次于钾,其平均数约为灰分总量的30%。然后是硫、钠、钙和镁。以上这些属于主要矿物质元素或称为大量矿质元素,占总灰分的56%~70%;此外,食用菌还含有微量元素,如铜、铁、锰、钼等（表2-7）。

表2-7 常见食用菌矿物质含量表　　　　　　　　单位:%（以干物质计）

矿物质	蘑菇	香菇	草菇	金针菇	平菇	木耳	银耳
氧化钾	55.95	63.92	34.03	61.75	64.26	35.50	63.38
氧化钠	1.26	2.55	2.15	2.86	2.92	4.63	1.22
氧化钙	0.38	1.01	0.32	0.24	0.42	11.70	2.04
三氧化二铁	3.44	2.52	0.65	2.58	2.56	2.82	1.14
氧化铝	0.08	0.11	0.52	0.47	0.07	5.12	0.51
氧化镁	1.47	1.88	0.11	1.62	3.83	6.43	1.52
氧化锰	0.04	0.07	0.04	0.04	0.05	0.40	0.03
氧化铜	0.15	0.06	0.04	0.05	0.06	0.07	0.00
氧化锌	0.08	0.00	0.15	0.08	0.07	0.10	0.05
二氧化硫	2.17	3.66	1.66	1.07	1.97	2.35	1.38

续表

矿物质	蘑菇	香菇	草菇	金针菇	平菇	木耳	银耳
氯	5.77	0.26	0.91	0.22	0.00	1.29	0.35
氧化磷	25.23	20.05	10.41	20.51	22.91	8.64	11.07
二氧化硅	1.32	1.77	43.82	1.27	0.63	19.08	1.75
其他	2.66	2.14	5.20	7.24	0.25	1.79	15.56

9. 核酸

食用菌中核酸含量比米和面、鱼和肉、海藻中核酸含量高，与酵母和细菌含量相似（表2-8）。

表2-8 食用菌及几种食物核酸的含量　　单位:%（以干物质计）

食物种类	食用菌	酵母	海藻	鱼和肉	细菌
核酸含量	6.0~8.8（干品）	6.0~12.0（干品）	3.0~8.0（干品）	2.2~5.7（蛋白质）	8.0~16.0（干品）

食用菌中的某些核酸，如多聚肌苷酸和多聚胞苷酸，具有抗病毒和抗肿瘤的作用，有些核酸水解成核苷酸后，可增加食物的鲜味，在某些食用菌的水提液中含有5′-鸟苷酸、5′-腺苷酸、5′-尿苷酸、5′-胞苷酸，其中5′-鸟苷酸是食品工业中有名的增鲜剂。此外，食用菌中某些核苷酸除可作为增鲜剂外，还可治疗冠心病、心肌梗死和肝炎等疾病，如双孢蘑菇杀青液中含有的核苷酸，可成为健肝药物。

（二）食用菌的功能特性

食用菌中含有丰富的必需氨基酸、多糖、不饱和脂肪酸、核酸、矿物质、纤维素等营养成分，这些营养成分决定了食用菌能成为优良的功能性食品。为了更好地开发和利用食用菌类食品，现详细介绍菌类食品的各种功能特性，以提高大家对食用菌的认识。

1. 诱导人体产生干扰素，增强抗病毒功能

人类首先发现食用菌有抗病毒的作用是从双孢蘑菇开始的，而该抗病毒物质是一种能被核糖核酸酶解体的双链核糖核酸，能刺激机体产生干扰素，抑制流感病毒的增殖。这种活性物质被进一步证实是刺激机体产生干扰素的诱导物质。后来人们从香菇中分离出的一种特殊的双链核糖核酸，能刺激人体网状组织细胞和白血球释放干扰素，是一种内源性干扰素诱导剂，并经验证证明，这种物质能阻抑流感病毒（A/SW15）和兔口内炎病毒的增殖。在以后的研究工作中，人们经体内和体外试验，不断地发现美味牛肝菌、灵芝、金针菇、口蘑、蜜环菌、银耳、木耳、滑菇等

均存在干扰素诱导剂。食用菌的抗病毒活性不仅存在于其粗提取物中，还存在于分离纯化的化合物中。食用菌中的一些抗病毒代谢产物包括多糖、甾醇、漆酶和凝聚素等。这些活性物质对 HIV、单纯性疱疹病毒和流感病毒等多种人类病原病毒具有较强的抑制作用。这为获得具有抗病毒活性的干扰素诱导剂的工业化生产带来希望。

2. 增强免疫细胞功能，提高人体免疫力

食用菌多糖是由 10 个以上的单糖以糖苷键连接而成的高分子多聚物，有的结构中结合一部分蛋白质和多肽，被称为糖蛋白和糖肽类。这些物质广泛存在于菌菇的子实体或菌丝体中，也可以从它们的发酵菌液中提取到。食用菌多糖可以增强淋巴细胞、巨噬细胞的功能，从而起到调节机体免疫功能的作用。此外多糖可以刺激机体的抗体形成，提高机体的抵抗能力。但食用菌中的多糖是通过调节机体的抵抗能力，刺激人体的体液免疫和细胞免疫，从而使肿瘤细胞在人体中扩散的速度减慢。凝聚素是最广泛的蘑菇碳水化合物结合蛋白之一，有 82% 的真菌凝聚素来自蘑菇，蘑菇中的凝聚素因抗肿瘤而闻名，常常被用于治疗当中，并作为诊断工具在临床中实践。人们利用生物技术开展了对香菇、猴头菇和灵芝的液体深层培养及其营养保健功能的研究，从它们的菌丝体中分离提取香菇多糖、猴头多糖和灵芝多糖制品并进行了小鼠动物试验，结果发现灵芝多糖对实验小鼠的 B 淋巴细胞功能有明显增强作用；而香菇多糖和猴头多糖对实验小鼠的 T 淋巴细胞功能有明显增强作用；3 种多糖对实验小鼠巨噬细胞的吞噬功能均有明显的增强作用。目前，已报道的具有免疫调节作用的多糖还有蜜环菌、银耳、黑木耳等。这些多糖目前是较理想的天然免疫增强剂，且比免疫球蛋白有更低的成本。

3. 抑制肿瘤细胞增殖，提高机体抗肿瘤功能

食用菌中所含有的多糖类活性物质，不仅能增强机体的免疫功能，还具有抑制肿瘤生长的作用。猴头菇中含有大量的氨基酸，其中谷氨酸含量最高，其次是赖氨酸和天冬氨酸。酚类、黄酮类和单宁类是食用菌的重要次生代谢产物，是蘑菇抗氧化活性的重要组成部分。食用富含酚类物质和多酚类物质的食物可以预防许多疾病，包括心脏病和癌症。酚类成分是人们饮食中的主要化学成分之一，具有抗氧化和清除自由基的作用。单宁以其抗氧化和其他重要的生物活性而闻名，广泛分布于几乎所有的植物物种中，因此被纳入人们的日常饮食中。众所周知，单宁具有很强的抗氧化作用，凭借这种特性，其降低了癌症和心血管疾病的风险。

例如从香菇和双孢蘑菇子实体中分离出的多糖，经用移植了肿瘤 S-180 的小鼠进行动物试验，结果发现香菇和双孢蘑菇子实体中分离出的多糖都具有明显的抑制肿瘤作用。该多糖不仅能抑制小鼠 S-180 实体肿瘤的生长，而且能干扰体外培养的人体肝癌细胞增殖，具有较好的抗肿瘤活性。另外，从灵芝子实体中分离提取的灵

芝多糖，能明显抑制肺癌和结肠癌细胞的生长。菌菇热水浸出液对小白鼠肉瘤 S-180 的抑制率见表 2-9，其中猪苓和茯苓的抑制率较高。

表 2-9　几种食用菌对肿瘤的抑制率

食用菌种类	香菇	金针菇	滑菇	松口蘑	银耳	茯苓	猪苓
抑制率/%	80.7	81.1	86.5	91.8	80.8	96.88	99.5

4. 降低胆固醇在体内的积累，防止心血管疾病的发生

香菇子实体中含有一种能降低血脂的化学物质。目前，香菇的降血脂成分已分离成功，命名为香菇素，是一类腺嘌呤核苷衍生物。通过放射性同位素证明，香菇素能加速胆固醇的代谢，从而促进胆固醇在血浆中的转移和排出，减少胆固醇在体内的积累。人们探讨了食用菌对实验小鼠血液中胆固醇含量的影响，发现蘑菇、香菇、金针菇、木耳、毛木耳、银耳和滑菇等 9 种食用菌的子实体均具有降低胆固醇的作用。其中，金针菇、蘑菇和木耳具有与香菇几乎相同的降低胆固醇作用，尤其以金针菇为最强。另外食用菌含有铁、维生素和各种磷脂，有促进消化和降血脂作用。

5. 清除体内自由基，增强机体抗衰老功能

体内的自由基可破坏正常细胞而导致机体老化，并破坏机体的抗病及防御能力。过氧化物歧化酶（SOD）具有降解自由基的作用。人们发现灵芝菌丝体含氮多糖，该多糖对过氧化物歧化酶（SOD）的活力有明显的增强作用，从而可以帮助清除体内自由基，增强机体抗衰老作用。

第二节　食用菌深加工技术及综合利用

大力开发保健食品是当今世界食品行业的新潮流，随着人们对食用菌的营养价值及医疗保健功能的深入研究，我国对食用菌产业的开发逐渐深入，产量居世界第一，出口创汇比例逐年增加，产品在许多行业及领域得到应用，并且正向多层次、多元化发展。

一、食用菌风味食品

目前，食用菌贮藏保鲜新技术的发展，不仅大大延长了新鲜食用菌的保存时间，提高了鲜品的附加值，而且在已有食用菌深加工产品，如菇类酱油、木耳糖等，取得良好的经济效益和社会效益的基础上，不断增加新的加工产品以满足市场

对优质食用菌鲜品的需求。但多数食用菌鲜品不易久藏，因此常加工成各种制品保藏，干制品和罐藏是较为常用的有效方法。此外，还可将食用菌制成果脯、蜜饯、盐渍品、糖渍品、酱制品或作为辅料制成糕点、面包等风味食品，拓宽食用菌的深加工领域。

（一）蜜渍银耳

1. 工艺流程

原料准备 → 水中浸发 → 蜜制 → 配料 → 糖渍 → 晾干 → 冷却 → 凝固 → 包装

2. 操作要点说明

原料准备：选优质银耳，在70~80℃水中浸发30~40min，待耳瓣充分吸水散开后，撕开耳瓣，晾晒30min，以利糖渍。

蜜制：取水发银耳1kg，添加蔗糖3kg，搅拌均匀，放入铝锅或搪瓷容器内加热，控制火候，慢慢搅拌。然后加入柠檬酸3g、琼脂2g、香兰素2g，待蔗糖充分熔化、变稠时即可起锅。糖渍时间40~60min。

整理：将蜜渍银耳放在搪瓷方盘内晾干，分开叶片，充分冷却。因配料中含琼脂，凝固后即可包装。

（二）食用菌面包

1. 产品特色

食用菌营养价值很高，其蛋白质含量高于一般蔬菜，尤其是食用菌的氨基酸组成比较全面，又富含多种维生素、矿物质元素及具有保健功能的生物活性成分。在面粉中加入一定量的菇汁（粉）生产面包，既可改善主食面粉中必需氨基酸、维生素及矿物质元素缺乏的现状，又在产品营养上得以互补，风味上得到改善，并可增强保健功能。

2. 主要原辅料

普通面包：精粉100kg、菇粉5kg、菇汁40kg、酵母1.5kg、砂糖8kg、盐0.4~0.6kg、保鲜剂等适量。

高档面包：面包专用粉100kg、菇粉7kg、菇汁45kg、即发活性干酵母1.5kg、白砂糖10~12kg、人造奶油3~4kg、盐0.4kg、水、保鲜剂等适量。

3. 工艺流程

菇粉、菇汁制备：

鲜菇 → 精选 → 清洗 → 预煮 → 离心 → 菇体干制后磨成粉 → 汁液过滤或离心成菇汁

面包制作：

原辅料材料预处理 → 面团调制 → 成型 → 发酵 → 烘烤 → 冷却 → 成品

4. 操作要点说明

菇粉、菇汁制备：选取优质鲜菇，清洗去杂，沥干后放入不锈钢容器内加2倍的水煮，保持95~100℃加热10min左右，把变软的菇体取出先离心脱去部分水分，然后在105℃的烘箱中烘干，磨粉至细度80目即为菇粉。将预煮液用四层纱布过滤，或于3000r/min离心5min，取其滤液或上清液，冷却后即为菇汁。

原辅料材料预处理：粉状物如保鲜剂、菇粉等加入面粉中混匀，糖、盐加入菇汁中溶解，若加入奶油时，可将奶油一起混匀。在30℃适量的温水中加入酵母混匀，活化20min。

面团调制：将酵母活化液加入面粉等粉状物混匀，然后加入菇汁混合液搅匀，调制到面团表面光滑不黏、坚实弹性好时即可停止。

成型和发酵：把调制好的面团按生产要求制成各种形状的生坯，摆入烤盘或装入模子，立即发酵，保持温度28~35℃，相对湿度80%~90%，时间1~2h。待生坯体积明显增大，表面有透明感，用手指按压生坯手指离开后凹陷处能慢慢恢复接近原状，则表明发酵恰到好处。

烘烤：发酵成熟的面坯在烤前先用蛋液轻刷涂匀表面，然后送入烤炉。烘烤条件分三步：前期低温胀发，中期高温定型，后期适温上色。温度160~210℃，时间15min，待表面呈红棕色，即可出炉冷却，成为成品。

5. 产品质量指标

感官指标：色泽红棕色，上色均匀；有浓郁的烤香味和菇香味；形状规则一致，弹性好，切面气孔细密、均匀；口感柔软，香甜。

理化指标：比容≥3.6m^3/kg，水分40%，酸度≤6°T。

（三）猴头菇挂面

1. 主要原辅料

猴头菇粉1kg（或猴头菇汁水20kg）、富强粉100kg、白茯苓粉0.5kg、食用精盐1kg。

2. 工艺流程

和面 → 压片 → 阴干 → 成品

3. 操作要点说明

和面：按配方将猴头菇粉与茯苓粉掺入面粉中，加26%过滤盐水或煮菇水，在搅拌机内约搅拌10min，使面粉中的蛋白质充分吸水膨胀，彼此黏结形成面筋网络。熟化好的料坯应有一定的延伸性，料坯应在（25±2）℃下放置15min，然后再上机压片。

压片：熟化的料坯通过双辊压延，将小颗粒面筋挤压在一起形成面片，再通过数道压辊逐步压延，使面筋网络均匀分布。轨条机将面片切成1mm的面条后即可上架阴干。

阴干：阴干室的相对湿度为70%~80%，室温为15~20℃。通过一定的风量使面条缓慢干燥。应防止室温过高，否则将使面条产生微裂而造成断条，阴干时间约8h。

（四）黑木耳糖

1. 产品特色

本品由筛选后的赤砂糖和研细的木耳粉制成，产品具有止血、健体的功效，常食能治疗月经过多和崩漏等症状。

2. 主要原辅料

赤砂糖1kg、黑木耳细粉350g、水100g，食用熟油、香精、佐料各少许。

3. 工艺流程

黑木耳粉生产工艺：

黑木耳→选料→去杂→干制→研细→过筛→成品

黑木耳糖生产工艺：

赤砂糖适量→去杂→入锅→加水→煎熬→加粉、佐料、香精→调匀压坯→切块→冷却→包装

4. 操作要点说明

赤砂糖处理：定量称取赤砂糖，除去杂物后，放入干净的铝锅中，加水用文火煎熬。

黑木耳粉制备：选择优质黑木耳料，除去杂质后，稍干制处理即入粉碎机磨粉，粉末经筛后，即可备用。

拌料：糖熬到基本熔化，看上去较稠厚时加入木耳细粉、香精、佐料，边加粉边搅拌，使之充分混合均匀后，停火。

模具涂油：将食用熟油涂抹在准备好的干净的大搪瓷盘表面，要求匀而厚。

压坯：趁热将糖倒入大搪瓷盘中，稍冷却，即将糖压平，整坯。

切块：用刀将糖坯划切成长4cm、宽3cm、厚2cm的条状块，冷却后，即可包装。

（五）银耳软糖

工艺流程：

选料→浸发、漂洗→水煮→过滤→化糖→配料→成型→干燥→包装

操作要点说明：

银耳汁制取：将干银耳 2kg 用温水浸发，漂洗干净，按湿耳重加 4 倍量清水，在文火上煮 2~3h，取滤汁。

化糖：在银耳滤汁内加白砂糖 63kg、饴糖 20kg，加热熔化，趁热加入淀粉 15kg，面粉 2kg，花生油、食用香精适量，搅匀，加热至 120℃，出锅。

成型与包装：待糖液冷却到具有可塑状态时（约 65℃），倒入糖果模具内压制成型。脱模后，自然干燥或烘干，即可包装。

二、食用菌系列休闲食品

目前，我国大部分食用菌资源只是用于鲜食或干制，其加工产品的开发相对滞后。但随着科学技术的发展，人们采用现代高科技手段开发研制出了系列化食用菌新产品，如采用二氧化碳超临界萃取技术生产的食用菌灵芝口服液、灵芝猴头菇胶囊，利用真空干燥、超微粉碎生产的食用菌速溶全粉、速溶银耳晶等产品，可满足不同消费层次的需求，下面介绍部分食用菌休闲食品。

（一）五香金针菇

五香金针菇是一种油炸小食品，它不但口感酥松，味道鲜美，携带方便，保存期长，而且解决了金针菇鲜食期短的弊端，使消费者一年四季都能品尝到美味的金针菇。

1. 主要原辅料

金针菇 100kg、面粉 20kg、白糖 3kg、食盐 2kg、花生油 15kg（实用 10kg）、大蒜粉 500g、五香粉 300g、味精 5g。

2. 工艺流程

选料 → 煮味 → 挂外衣 → 油炸 → 成品

3. 操作要点说明

选料：选用长 10~15cm 未开伞的新鲜金针菇，切除菇脚，除去污物、杂质，洗净备用。

煮味：在蒸煮锅内加入适量的水，按配方将白糖、食盐、大蒜粉和五香粉等调味品（不含味精）加入煮制 3min，随后加入金针菇再煮 5~6min，然后加入少许味精，捞出沥去汤汁待用。注意不可将金针菇煮得太软。

挂外衣：把煮过的汤汁过滤和面粉调成糊状，将煮好的金针菇放在面糊中均匀地挂上一层糊浆。面糊调制不可太稠，否则难以挂衣。

油炸：将挂浆后的金针菇放入烧开的油中，炸至酥脆时捞出，沥去油即可包装。油炸时注意油温的变化，油温过高，容易导致外焦里嫩，影响保存期。

4. 质量指标

挂衣均匀，色泽金黄，不脱衣，食之肉质酥脆，香味浓郁。

（二）茯苓夹饼

茯苓夹饼是以食用菌粉与面粉制成饼皮，经过二次烘烤而成的一种食品。其饼皮雪白透明，内夹特制馅料，甜而不腻，柔而不黏，吃起来皮酥里嫩，别具风味。

1. 主要原辅料

淀粉20kg、精面粉5kg、茯苓粉5kg、山楂酱20kg、蜂蜜10kg、核桃仁20kg、桂花5kg、绵白糖50kg、芝麻仁10kg。

2. 主要设备

和面机、模具、红外线烘烤箱。

3. 工艺流程

馅料→调糊→浇模→夹心→烘烤→成品→包装

4. 操作要点

馅料：将蜂蜜和绵白糖调和，再将核桃仁剁成米粒大小与山楂酱、桂花、芝麻仁一起加到蜂蜜内，调成黏稠状的甜馅料。

调糊、浇模：将淀粉与面粉在搅拌机中搅拌成糊状，然后慢慢加入茯苓粉，继续搅拌防止结块，待调成均匀的糊状。在特制的圆形烤盘中，薄薄擦一层油，随后浇入面糊，摊平后可上炉烤成厚0.5cm、直径为5cm的饼皮，并使饼皮有韧性。

夹心：将脱膜后的饼皮抹上一层0.5cm厚的甜馅，在甜馅上再覆盖1张饼皮。

烘烤：将夹心后的饼坯再次放入烤炉中烘烤，待烤至表面光滑有光泽时，即可离火冷却包装。

5. 质量标准

成品表面乳白，馅棕红色，红白相间，饼形完整，无饼皮脱落，食之外脆里嫩。

（三）菌粉饼干

菌粉饼干口感酥松，食用方便，很受人们的欢迎。随着新技术、新工艺的采用，饼干类产品也在不断地推陈出新，由菌粉制作的饼干就是饼干中推出的新产品，其口味与营养俱佳。

1. 主要原辅料

面粉85kg、食用菌粉15kg、白砂糖35kg、油脂15kg、饴糖5kg、鸡蛋20kg、碳酸氢钠500g、碳酸氢铵250g、卵磷脂5kg。

2. 工艺流程

辅料混合→面团调制→辊印成型→烘烤→冷却→成品

3. 操作要点说明

辅料混合：按配方比例先将白砂糖、饴糖加热熔化，打入鸡蛋后充分搅拌，随后加入卵磷脂、碳酸氢钠和碳酸氢铵，继续搅拌混合均匀。

面团调制：在辅料混合液中筛入食用菌粉与面粉，此段工序可在和面机中进行，以保证原辅料充分混合，并使面团的软硬度、弹性和可塑性等物理性能达到要求。面团调制是非常关键的环节，调制是否适度，直接关系到饼干成品的外形、花纹、酥松度以及内部结构，所以要特别注意。

辊印成型：将调制好的面团静置 10~15min 后，用辊印机成型，其形状、花色可根据实际情况自行确定。

烘烤、冷却：将辊印成型的饼坯放在烤炉中，在较高的温度下烘烤 3~4min，饼干烤好后取出自然冷却，当降温到40℃以下时，包装即为成品。在烘烤时，温度的高低对成品质量的影响很大，温度过高会使饼干烘烤过度，颜色变深甚至烤焦；温度较低，饼干烘烤不足，水分蒸发缓慢，达不到应有的色泽和焦化反应。所以温度选择不是一成不变的，要根据饼坯的配料、成分、形状、厚薄等因素灵活控制。

4. 质量标准

色泽呈金黄色，基本均匀，表面略有光泽，无烤焦现象；花纹清晰，外形完整，厚薄一致，内部呈多孔性组织；不粘牙，无异味，口感酥松，甜而不腻，略带食用菌香味。

(四) 猴头蛋白糖

猴头菌是菌类中的珍品，研究发现，猴头菌不但具有抗菌与抗病毒作用，而且对治疗肿瘤也有一定的功效。近年来，采用现代负压真空渗糖工艺研制的猴头蛋白糖，可谓集绿色、天然、营养、保健于一体的特色小食品。

1. 主要原辅料

白砂糖50kg、奶油与奶粉3kg、淀粉糖浆46kg、猴头粉4kg、蛋白干2kg、香兰素25kg。

2. 工艺流程

蛋白干溶化 → 制糖气泡基 → 熬糖冲浆 → 混合 → 冷却成型

3. 操作要点说明

蛋白干溶化：将蛋白干浸泡于2.5~3倍的温水中，也可在打蛋机中边搅拌边溶化，初始速度要小，以后逐步加速。注意蛋白溶解起泡时，严禁混入油脂及酸类等物质。

制糖气泡基：将3/4的白砂糖和淀粉糖浆熬煮过滤后，在125~130℃温度下熬煮，将其倒入打蛋锅中，快速搅打起泡。制作气泡基时浓度不宜过高，否则难以充入空气而形不成良好的气泡基。

熬糖冲浆：将余下的白砂糖和淀粉糖浆熔化过滤，在熬糖锅温度升到135～140℃时，缓慢倒入溶化后的蛋白和制糖气泡基的混合气泡基中，边倒入边搅拌，直到达到所需温度与黏度为止。冲浆熬糖最好在熬糖锅中进行，这样有利于掌握原料的浓度。

混合：将猴头粉、奶粉、奶油、香精加入搅拌好的气泡基中，充分搅拌均匀。

冷却成型：当糖料全部搅拌均匀后，停止加热，将糖膏倒在冷却台上降温。因蛋白糖为多孔结构，导热系数小，降温时间长，可随时在冷却台上翻动，但不要揉滚。当温度适宜时在压片成型机上压成片、切成块，然后包装即为成品。

4. 质量标准

块形整齐规则，表面有稍微凸起的气泡基，两边刀口无连口；糖体黄白色，有光泽；组织松脆，多孔结构；入口酥脆，利口不粘牙，香甜适口，有食用菌香味。

（五）灵芝美容豆

灵芝又名瑞草，具有滋补强身、扶正固本之效，长期食用能调节人体免疫功能，增强人体细胞和红细胞的血红蛋白供氧量，促进细胞新陈代谢，使人体皮肤润滑细腻。灵芝美容豆利用独特的加工工艺，全面保留了灵芝的这些功效，是一种新型的美容小食品。

1. 主要原辅料

灵芝100kg、明胶5kg、白糖40kg、虫胶2kg、柠檬酸1kg、食用红色素适量。

2. 工艺流程

选料→清洗→磨浆→调配→浓缩→选粒→抛光→成品

3. 操作要点说明

选料：选用新鲜灵芝，去掉干枯、腐烂部分。

清洗：将灵芝在50℃的清水中漂洗干净，再用60℃的食用酒精浸泡5min后捞出，沥干酒精液。

磨浆：将灵芝加入适量的糖液在磨浆机中磨浆，过60目筛。

调配：按配方将白糖、明胶、柠檬酸加入调配缸中，加热熔化后，再加入灵芝浆，搅拌均匀。

浓缩：将调配好的浆料在夹层锅中缓慢低温浓缩，当含水量降至35%时停止浓缩。

选粒：浓缩好的浆料放在冷却台上，当温度降至40℃时用选粒机切粒。

抛光：将切粒后的灵芝丸放入抛光锅中，开动抛光机，缓慢加入糖液，利用抛光机的转速使灵芝丸表面挂满糖液，并且利用灵芝丸的相互摩擦使其外表趋于平滑。糖液分3次加入，最后1次糖液由白糖、柠檬酸、虫胶及少量的食用红色素配制而成。当灵芝豆表面光滑发亮时即可出锅，冷却到室温后包装入库。抛光时锅的温度与物料温度相差不宜过大，若锅的温度过高，则灵芝豆表面难以挂糖结晶。若温度过低，则糖液结晶过快，产品难以形成光滑发亮的外衣。

4. 质量标准

形态一致，表面光滑发亮，无脱皮裂壳，颜色粉红，食之柔韧适口，灵芝味浓郁。

三、食用菌功能饮料

食用菌加工保健饮品，增值幅度大，市场空间广。功能性保健食品在国外十分畅销，美国、日本先后投入巨资搞研究开发，如美国以国立癌研究所为中心，投入数千万美元研究食品的防癌作用。日本自1991年开始实施特定保健食品制度，保健食品发展也很快，食用菌加工保健饮料品种很多，如保健茶饮料，猴头菇、金针菇复合饮料，金针菇豆奶饮料，香菇多糖口服液等，尤其是灵芝配制的灵芝保健茶饮料在欧美及日本销路较好。国内一项利用食用菌和茶叶资源优势开发特色功能性茶饮料的项目——"药、食用菌工程发酵茶研究"已经通过鉴定，药、食用菌发酵茶是以中低档乌龙茶为主原料，添加少量天然可食用辅料，接种驯化过的适宜在茶叶基质中生长的灵芝、猴头菇、茯苓和冬虫夏草等药、食用菌菌种，经固体发酵工艺培养而成，具有较高开发价值和市场前景。

（一）灰树花保健饮料

1. 工艺流程

菇体粉碎 → 热水浸提 → 过滤 → 浓缩 → 低温沉淀 → 分离 → 配制 → 装瓶 → 杀菌 → 成品

2. 操作要点说明

菇体粉碎：将灰树花子实体用粉碎机粉碎。

热水浸提：浸提时料水之比为1：（10~15），在96~100℃加热2~3h。

过滤：浸提结束后过滤去渣，滤液中的主要成分，除灰树花多糖和果胶外，还含有氨基酸、肽类、核酸以及少量矿物质。滤液的固形物浓度一般为1%~2%。需使其浓度达到10%左右。

浓缩：浓缩的方法以减压浓缩为宜。

低温沉淀：将浓缩物置于4~5℃下低温贮藏，使沉淀积于底部。

分离：用虹吸法离心沉淀机分离沉淀物。

配制：在分离沉淀物后的滤液中加入糖和有机酸进行调配。

装瓶：将配制好的溶液按常规法装入马口铁罐。

杀菌：采用95~97℃的热水，杀菌60min，杀菌后及时将铁罐放入冷水槽中，迅速冷却。

（二）灵芝饮料

本产品风味和色泽独特，融营养与保健功能为一体，不加任何化学防腐剂，是纯天然的保健饮料。

1. 主要原辅料

灵芝子实体、白糖、可可粉、红茶、海藻酸钠、乳酸混合发酵菌。

2. 工艺流程

白糖红茶发酵液制备：

白糖、红茶 → 浸泡 → 冷却 → 接种乳酸混合菌 → 发酵

3. 操作要点说明

灵芝提取液的制备：第一次提取：灵芝子实体冲洗干净后粉碎，按一定比例称取粉碎样品，置70~80℃水浴中，经3~4h后用4~8层纱布过滤，保存滤液。第二次提取：将第一次残渣置60~80℃水浴中浸提，经3~4h后用纱布过滤。合并两次浸提液，配成0.5%浓度的溶液。

发酵液的制备：将白糖和红茶按比例加入沸水中搅拌，自然冷却至50℃以下，加入乳酸混合发酵菌液，于30℃下培养3d测pH，当pH为4~5时即完成。

成品液的调配：将灵芝提取液与发酵液混合，再加其他配料调味、调香，采用高温短时杀菌，最后对成品进行检验、分装。

4. 产品质量指标

色泽：褐色，清亮。

口感：甜中有酸，后味微苦。

（三）猴头菇、金针菇复合饮料加工技术

1. 产品特色

猴头菇与金针菇营养价值高，热能含量低，富含人体必需的多种氨基酸。猴头菇性平，味甘，有助消化、利五脏的功能，对胃、十二指肠溃疡、慢性胃炎等均有良好的疗效，还具有抗癌作用。金针菇中赖氨酸、精氨酸的含量丰富，能促进儿童健康成长和智力发育，其含有的朴菇素有抗癌作用，经常食用金针菇也可以预防高血压和胃肠道溃疡等。由金针菇和猴头菇制成的复合饮料，能起到增智、美容、益寿等方面的保健作用。制饮料的残渣，可制成具有独特风味的菇松片等食品，它是富含蛋白质、可食性纤维素等营养成分，且具有肉质口感的保健食品。

2. 工艺流程

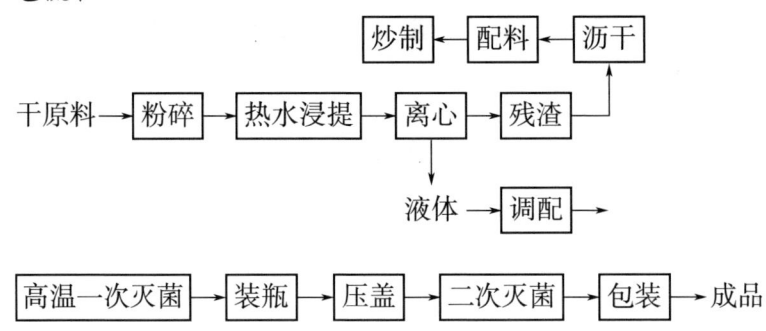

```
干原料 → 粉碎 → 热水浸提 → 离心 → 残渣 → 沥干 ← 配料 ← 炒制
                              ↓
                           液体 → 调配

高温一次灭菌 → 装瓶 → 压盖 → 二次灭菌 → 包装 → 成品
```

3. 操作要点说明

干原料：生产用原料主要是金针菇与猴头菇的干子实体，含水量应≤5%，变质的要去除，两者重量比为1∶1。

粉碎：原料经粉碎，能提高浸提率，缩短浸提时间。理想的浸提率与粉碎的原料颗粒直径大小有关，直径过大浸提率低；过小，粉碎时间长，增加下游负担，导致成本升高。粉碎后的粒径应控制在≤1.5cm，即过2目筛。

热水浸提：采用夹套式小型浸提罐。原料与去离子水从罐的顶部物料口加入，每批次加入原料5kg，去离子水240L，保持63r/min速度搅拌。在夹层中通入蒸汽，通过阀门控制蒸汽量使浸提温度在30min内达80℃，在此温度下维持1h，浸提完毕通过沉淀式离心澄清机分离浸提液与残渣。采用间歇操作，人工卸料。浸提液经贮槽用泵将其泵入调配锅中。残渣呈淡黄色或金黄，有肉质口感。

调配：调配器由调配锅和各个配料、贮藏罐组成。配料锅为不锈钢夹层锅。夹层中间可通入蒸汽和冷却水，下部的出口由不锈钢管连接物料泵。浸提液本身带有微苦涩味，需增加适量甜味剂。应加入酸味剂，如柠檬酸、苹果酸等，使pH控制在5.0~5.5。加入天然抗氧化剂，如异抗坏血酸钠，防止饮料中维生素等被破坏，添加量为0.15g/kg。还应加入天然色素，如天然发酵焦色素，加入量为1%~4%。

一次灭菌：采用高温瞬时灭菌器，93℃以下维持30s。

脱气：采用真空脱气机，在0.06MPa下脱气20s。

二次灭菌：采用水封式杀菌设备，在120℃下杀菌20s，冷却6s。

残渣处理：焙制：将残渣焙制成干品，含水量5%。炒制：放入锅中，炒制至纤维状，然后置于竹筛上冷却。揉搓：将相互间粘成大块的产品揉搓开来。配料：花生油烧热，加入酱油、精盐、白糖、复合味精，用文火煮制半小时，制成调味剂。成品：将制好的调味剂按0.5∶1的比例加入已揉搓开的猴头菇、金针菇残渣中。

(四) 虫草蜜汁饮料

1. 产品特色

冬虫夏草简称"虫草",是我国一种传统珍贵的中药材和滋补品。近年来,大量的研究表明:人工虫草菌丝与天然冬虫夏草具有相似的化学成分、药理作用和临床疗效,且毒性比天然虫草小。本产品先由液体发酵培养虫草菌丝体,再将菌丝体发酵液制成虫草蜜汁饮料,产品的营养保健功能良好。

2. 工艺流程

虫草菌虫→斜面培养→发酵液→加热处理→研磨→过滤→调配→过滤→均质→杀菌→无菌灌装→成品

3. 操作要点说明

斜面培养:把虫草菌种接种于灭菌的 PDA 培养基上,于 24℃下培养 7d,至斜面长满菌丝。

液体培养:液体培养基配方为去皮马铃薯 30%、葡萄糖 1.5%、蛋白胨 0.5%、硫酸镁 0.1%、氯化钙 0.1%、磷酸二氢钾 0.05%。把配制好的液体培养基分装于 250mL 的三角瓶中,分装量为 100mL,在 $1.176×10^5$Pa 压力下灭菌 50~60min,冷却后在无菌条件下,采用多点接种法接种斜面菌种 $1cm^2$,使菌丝体漂浮在液面上,于 24~26℃静止培养 24h,然后上摇床(WDP 型微生物多功能培养箱)培养,180~200r/min,24~26℃培养 3~4d。镜检菌丝体开始老化,即部分菌丝体原生质有凝聚现象,有空胞或菌丝体开始瓦解,有时可见完整多枝的新生菌丝体,发酵液呈淡黄色,有特殊的虫草菌香味时,即可停止培养。此时测定菌丝体湿重应为 25%~30%。

发酵液加热处理:把发酵液加热至 65~70℃维持 30min,促使菌丝体自溶,让较多的营养物质溶解于发酵液中。

研磨:将热处理后的菌丝体发酵液趁热倒入胶体磨,反复研磨 20min,然后下胶体磨进行过滤,得滤液。滤渣可重复研磨一次。

调配:虫草发酵研磨滤液 50%,白砂糖 9%,蜂蜜 5%,柠檬酸 0.3%,稳定剂(羧甲基纤维素钠和海藻酸钠按 1∶1 混合) 0.2%。

均质:上述溶液混合均匀后,进行过滤,再均质,均质压力为 (1.47~1.96) × 10^5Pa。通过均质可以增强饮料的稳定性,并使饮料体态滑润。

杀菌及无菌灌装:采用高温瞬时杀菌,杀菌条件为 115℃下维持 5s。杀菌后,进行无菌灌装,并密封即得成品虫草蜜汁饮料。

4. 产品质量指标

产品呈淡黄色或金黄色,无沉淀,有特殊的虫草菌清香的气味,酸甜适口,体态滑润。

四、食用菌保健酒

以食用菌为原料，加入相应辅料，经发酵可酿制成风味独特的保健酒，如猴头灵芝酒、金针菇保健酒、灵芝香菇酒等。也可以用酒或酒精将食用菌中有效成分浸提出来，配制成各种类型的保健酒，如芦荟灵芝发酵酒，以灵芝为特色原料，经净化处理，蒸熟，加入一定比例的白砂糖后糖化，发酵，再经压榨，二次发酵陈酿后制成灵芝发酵酒，再配以芦荟原汁得到一种低酒度、高营养的滋补保健酒。

（一）香菇糯米酒

1. 产品特色

本产品以福建特产冬菇与上等糯米酒发酵酿制而成，具有浓郁的香味，其不但含有黄酒的有益成分，而且含有香菇的大量有益成分，是一种极富营养的保健酒。

2. 工艺流程

香菇挑选→冲洗→剪碎→浸渍→蒸煮→分离→香菇液→加酒精→浸泡

3. 操作要点说明

香菇处理：按100kg糯米 3kg 干香菇的比例，称取香菇，用清水冲洗一两次，剪碎，在蒸煮桶加清水，浸渍约4h，加水量为干香菇量的10倍。然后通蒸汽加热蒸煮2h，冷却后分离提取香菇液，在分离所得的香菇液中加酒精体积分数为70%的脱臭酒精备用。

香菇酒酿制：糯米浸渍、蒸煮、淋饭、拌曲糖化按酿酒常规处理，当甜液在窝内已达饭堆4/5高度时加入香菇液，拌均匀，继续糖化。按100kg糯米称取古田红曲2.5kg，加水10kg，提前7h浸渍备用。待物料下瓮1~2d后，缸内听到嘶嘶发酵响声时，加酒精体积分数为50%的陈酿米烧酒、红曲水和香菇渣酒精，再充分搅拌均匀，使之发酵。发酵期间进行3次开耙，视气温及发酵情况而定。经约50d发酵，瓮中发酵醪已渐沉缸，就可进行榨酒，榨出的原酒静置，取上层清液，抽入已灭菌的大缸，密封陈酿一年后出厂。

4. 产品质量指标

成品酒褐红色、清亮，酒精浓度16%~18%，糖分15%，总酸 0.45g/100mL。

（二）金针菇保健酒加工技术

1. 工艺流程

原料→破碎→压榨→调整成分→前发酵→后发酵→贮藏管理→调配→过滤→离子交换→杀菌→灌装→成品入库

2. 操作要点说明

破碎：进厂的鲜菇经检验过磅后，立即用锤式破碎机破碎。从采菇到加工以不超过18h为好。

压榨：破碎后的金针菇，用连续压榨机进行榨汁，每100kg榨汁中加12~15g二氧化硫。

静置澄清：每升汁液加0.1~0.15g果胶酶，充分混匀后静置、澄清，一般24h内可得澄清汁液。

调整成分：将澄清汁液用虹吸法进行分离，上清液泵入不锈钢发酵罐中，汁液不应超过罐容积的4/5，以免发酵时醪液溢出损失。取样分析，根据要求用白砂糖调整糖度至22%~23%。

前发酵：向发酵罐中接入5%~10%的人工酵母或活性干酵母，充分搅拌或用泵循环均匀，片刻后前发酵开始，经3~5d前发酵后即可出池转入后发酵。

后发酵：采用密闭式发酵，入池发酵液占罐容积的90%，温度控制在16~18℃，约经1个月后发酵结束，取样进行酒度、残糖等各项理化指标的检验分析。

贮藏管理：后发酵结束8~10d后，皮渣、酵母、泥沙等杂质在自身重力作用下已沉积于罐底，及时将它们与原酒分开，进行第一次开放式（少接触空气）倒池，补加二氧化硫至150~200mg/L，用精制酒调整酒精浓度至12%~13%，在原酒表面加一层酒精封顶。当年11~12月进行第二次半开放式（少接触空气）倒池，经常检查池号，及时做好添池满罐工作，次年3~4月进行密闭式（不接触空气）第三次倒池，此时酒液澄清透明，可在液面上加一层精制酒封顶，进行长期贮藏陈酿。

调配：根据产品质量指标，精确计算出原酒、白砂糖、酒精、柠檬酸、抗坏血酸钠等用量，依次加入配酒罐中，充分搅拌混合均匀，取样分析化验，符合标准后即可进行下道工序操作。

过滤：采用棉饼过滤机进行过滤，滤饼要充分洗涤干净，并经过70~80℃、30min的杀菌。棉饼要压得厚薄一致，以免过滤时酒液短路，影响过滤效果。

离子交换和杀菌：用强酸732型阳离子交换树脂进行酒液离子交换，操作时要稳定流速和控制好交换倍数，保证交换效果，提高酒液物理稳定性。每次离子交换完毕，要用清水将酒液顶出后用清水反洗树脂，待树脂层疏松分布均匀，再用10%的食盐溶液再生。最后用薄板式换热器进行巴氏杀菌，温度控制在68~72℃，保温15min，稳定流速，连续进行。

五、食用菌调味品

食用菌调味品的生产除了传统的醋、酱油等品种外，目前在国外较为流行的还有食用菌抽提物调味品。食用菌的菇类中含核苷酸组成的美味成分具有十分强烈的鲜香味。在欧美、日本市场上流行一种蘑菇提取物，它作为新型保健食品调味料，具有调味增香的作用。蘑菇抽提物经自溶或外加酶作用，其中有效成分被抽提出来，经过滤、浓缩制得的产品，适于制作日式、西式和中式烹调的调味料，有广阔的前景。草菇中呈味成分如谷氨酸含量很高，味道鲜美，是生产菇类抽提物较为理想的原料。

（一）低盐风味酱蘑菇

1. 产品特色

出于保护消费者健康的目的，目前食品都应向低盐、低糖、低脂的方向发展。本产品含盐量低，且色、香、味俱全，营养价值很高，具有保健功能。

2. 工艺流程

原料的选择整理→漂洗→烫漂→切分→配料酱制→后熟→包装

3. 操作要点说明

原料的选择整理：选择质嫩、菇体完整、无虫蛀病斑的新鲜蘑菇，切除菇脚。另选新鲜、完整、无机械损伤和病虫害的辣椒，去掉果柄。

漂洗：将整理好的蘑菇及辣椒，在采后2h内用稀盐水（盐水浓度不超过0.6%）漂洗，以除去原料表面的杂质，保持原料的色泽正常。

烫漂：将经漂洗的蘑菇捞出，置于95℃、含柠檬酸0.05%~0.1%的水中，烫漂5~8min，以破坏菇内酶的活性，杀死表面微生物，软化组织，稳定色泽。

切分：将烫漂好的菇体及辣椒用不锈钢刀纵切成长条状，以利于酱渍。

配料酱制：按蘑菇、辣椒、酱油各2.5kg，白砂糖1.5kg，熟花生油350g及适量味精的比例，将上述原料放入一洁净容器中，混合均匀，用塑料布封口。

后熟：入缸后7d内，每隔2d搅拌一次，共搅3次。搅拌过程中要将缸底与缸面的原料互换位置，保证酱制均匀，于室温下放置10~30d，即可成熟。

包装：待产品成熟后即可取食，也可用塑料袋真空密封包装，经杀菌后作为商品出售。

4. 产品质量指标

感官指标：酱黄色，有蘑菇及辣椒的特有风味，酱香浓郁；口感脆嫩，甜、酸、咸、辣、鲜味适口。

微生物指标：大肠菌群<30个/100g；致病菌不得检出。

（二）食用菌菌香油

1. 产品特色

产品中的油经加工后变得鲜香可口，产品中的菌体保持原状，可不经烹调直接食用，并具有柔软的口感。

2. 工艺流程

食用菌→清洗→沥干→油炸→分离→调配→包装→成品

3. 操作要点说明

原料选择：油类可选用菜籽油、玉米油、大豆油、棕榈油等，这些油脂单独或混合使用均可。菌类中香菇、平菇、蘑菇、金针菇、牛肝菌均可。

食用菌清洗与沥干：栽培菇种先剪去菇柄，再用清水快速洗净。金针菇等长柄菇种可切成 2~3cm 长，其他菇种可将柄盖切断分放。将洗净菌类用风机风干表面水分备用。

油炸：一般食用菌添加量为油脂重的 30%~60%。油炸设备采用减压电炸锅。待油温达到 160℃后再降至 120~130℃，先按比例倒入食用菌菌柄，油温下降，再加热至 120~130℃，再倒入菌盖，保持 120~130℃，稍加翻动，炸至微黄，停止加热至不冒水汽为止，一般需 5~15min，也可根据需要，在停止加热后起锅前放入少许辣椒、花椒、桂皮、八角等香料，使其品种多样化。

分离：加热后将油、菌冷却。冷却后分离油脂和菌料，一般采取过滤法进行分离。然后将得到的菌香油分装小口瓶密封待售；油菌则可拌入食盐、味精、蒜泥、胡椒、辣椒粉、五香粉等辅料，制成风味各异的休闲食品。

六、食用菌药品的开发

我国利用真菌作为药物已有悠久历史，汉代的《神农本草经》记载灵芝、茯苓、银耳、冬虫夏草等作为药物使用。在发现香菇多糖有较强抗癌活性后，世界许多国家都开展从真菌中寻找抗癌药物的研究工作，并陆续证明了 100 多种真菌具有显著的抑癌活性：以香菇多糖制剂治疗恶性胸腔积液；以从树舌芝中分离出的萜烯化合物治疗肿瘤疾病；以猴头菌中的多糖和多肽类物质治疗消化系统癌变、溃疡、胃炎等疾病；以灵芝孢子粉治疗癌症等。尤其是灵芝，具有很"灵"的祛病强身、扶元固本的保健医疗作用，经研究，它有抗血栓形成、使血压正常化、防止动脉硬化、提高免疫力等八大作用，其有机锗含量很高，而有机锗具有调整肿瘤电位的功能，能使肿瘤处于不利于其生存的环境。日本已用灵芝提炼制成高级营养液"锗泉源饮料"，并且在国际上售价极高。随着对食用菌药理作用机理的深入研究，将会有更多食用菌在医疗行业发挥作用。

（一）香菇多糖口服液

1. 产品特色

香菇富含蛋白质、脂肪、碳水化合物以及多种维生素和钙、磷、铁等人体必需的营养成分。香菇多糖属于 β 型葡聚糖，而葡聚糖又是对肿瘤极有效的非特异性免疫治疗剂之一。香菇多糖具有活化 T 细胞、巨噬细胞及补体系统等多种生物学功能，可以增强机体对各种细菌、病毒、真菌及寄生虫的抵抗力。采用深层发酵培养技术大规模生产的香菇菌丝体，其各种营养成分均类似于子实体，以它为原料生产的口服液，保健作用强，营养丰富。口服液与糖衣片等其他剂型相比，更易被人接受，而且老少皆宜，能快捷地达到补充体力、增强免疫力的保健目的。

2. 工艺流程

香菇多糖发酵原液→灭酶→冷却→加入醋酸锌，调pH→澄清→过滤→加活性炭→过滤→调配→精滤→灌装→杀菌→检验、包装

3. 操作要点说明

取深层发酵培养香菇菌丝体的原液，加热至75℃，维持30min，使其中的酶失活。冷却后将研细的醋酸锌缓慢加入，边加边搅拌，加完后用稀氢氧化钠液调pH至6.2~6.5，搅匀后使其自然沉降，冷却过夜，次日过滤，得澄清的发酵原液。在该清液中加入适量的活性炭，加热，保温30min，冷却后过滤。向滤液中加入用柠檬酸化的蜂蜜、白糖，加热搅拌均匀，趁热过滤，再向清液中加入适量黄原胶和溶解好的山梨酸钾，然后精滤、灌装、封口、灭菌、检验、包装。

4. 产品质量指标

色泽呈淡黄色或金黄色，无沉淀，酸甜适口，体态滑润，香菇多糖含量1.0~1.2mg/mL。

(二) 灵芝猴头膏

1. 产品特色

本品能增强食欲，减弱头晕症状，改善睡眠，还能防衰抗老防癌，营养丰富。

2. 主要原辅料

干物质含量76%的饴糖50kg、干物质含量75%的砂糖20kg、灵芝猴头汁20kg、柠檬酸500g、苯甲酸钠100g、琼脂400g。

3. 工艺流程

原料（灵芝猴头）→切碎→熬煮取汁→混合浓缩→装瓶→成品

4. 操作要点说明

原料选择：选择无病虫害、无腐败变质的灵芝、猴头菇子实体，菌柄、菇脚各一半。

清洗：将选择好的原料在流水中清洗干净。

切碎：用切分机或刀将原料切成1cm³左右的小块。

取汁：为充分提取原料中的有效成分，分两次预煮取汁。第一次加入原料质量150%的清水以文火熬制约30min后，趁热压榨取汁；第二次再将滤渣重新入锅，加入原料质量50%的清水，再行文火熬制30min，趁热压榨取汁，合并两次菌汁

待用。

混合浓缩：将提取的菌汁，与饴糖、白砂糖混合，倒入夹层锅搅拌混合，浓缩至 40°Bé，加入已溶解的柠檬酸、苯甲酸钠、琼脂，继续浓缩至 40°Bé 出锅。

装封：装封温度为 80~85℃，并趁热封口。

5. 产品质量指标

感官指标：深褐色，瓶中色泽一致。具有灵芝、猴头所特有的鲜美香气，酸甜适口，无异味。质地细腻一致，无块状、无杂质存在。

理化指标：净重 500g，温度 20℃时浓度不低于 40°Bé，pH 3.4~4.0。

第三章 林下食用浆果加工技术

第一节 林下食用浆果的种类及特性

一、常见林下食用浆果

浆果植物资源抗寒能力强、营养保健功能十分突出，可防止脑神经衰老、预防高血压、预防高血脂，增强心肺功能，明目及抗癌，是具有较高经济价值的第三代果树。它们分布在北欧、北美、俄罗斯、中国等高纬度国家和地区，被联合国粮农组织列为人类五大健康食品之一，如茶藨子属植物（*Ribes* L.）、越橘（*Vaccinium* L.）、树莓（*Rubus* L.）、草莓（*Fragariaananassa* Duch.）、忍冬属植物（*Lonicera* Linn.）等。其中黑加仑（茶藨子属植物）世界产量 $5.826×10^5$ t，主产于波兰、英国、北欧和俄罗斯。越橘全世界栽培总面积达 22900 hm^2，总产量 $2×10^5$ t。美国是树莓生产和消费大国，生产总量 $1.5×10^5$ t。我国浆果资源种类繁多，分布广泛（表3-1），如沙棘资源，在陕西、山西、甘肃等20个省、直辖市、自治区均有分布。全世界沙棘属植物共7种9亚种，我国包括柳叶沙棘（*H. salicifolia*）、肋果沙棘（*H. neurocarpa*）、西藏沙棘（*H. thibetana*）和沙棘（*H. rhamnoides*）4个种，其中，沙棘种在我国有5个亚种，即中国沙棘、云南沙棘、中亚沙棘、蒙古沙棘、江孜沙棘等。杜鹃花科（Ericaceae）越橘属（*Vaccinum*）植物在全世界共有400多种，在我国就有90多种，各省区均有分布。其中，东北部山区以抗寒性较强的红豆越橘（*V. vitisidaea*）为主，南部酸性红壤区以适应性较强、果实可食性较好的乌饭树（*V. bracteatum*）为主。

表3-1 我国常见林下浆果种类

科名	属名	种类
蔷薇科	悬钩子属	蓬蘽悬钩子（*Rubus crataegrifolius* Bunge）、库页悬钩子（*Rubus sachalinensis* Léveille）、茅莓悬钩子（*Rubus parifolius* Linn）、绿叶悬钩子（*Rubus komarovii* Nakai）
	刺玫属	兴安刺玫（*Rosa davurica* Pall.）、少刺大叶蔷薇（*Rosa acicularis* Lindl）
	草莓属	野草莓（*Fragaria orientalis* Los.）、森林草莓（*Fragaria vesca* Linn）
木兰科	五味子属	五味子（山花椒）[*Schisandra chinensis*（Turcz.）Baill.]

续表

科名	属名	种类
虎耳草科	茶藨子属	东北茶藨子 [*Ribes mandshuricum* (Maxim.) Kom.]、兴安茶藨子 (*Ribes pauciflorun* Turcz.)、英吉里茶藨子 [*Ribes pulczewski* (Janc) Pojark]、尖叶茶藨子 (*Ribes maximovicziamum* Kom.)、水葡萄茶藨子 (*Ribes procumbens* Pall.)、毛茶藨子 (*Ribes pubescens* Hedl.)
葡萄科	刺李属	刺李（野灯笼果）[*Grossularia burejensis* (Fr. Scbmidt) Berger]
	葡萄属	山葡萄 (*Vtis amurensis* Rupr.)
猕猴桃科	猕猴桃属	软枣猕猴桃 [*Actinidia arguta* (Sieb. et Zucc.) Planch. en Maxim.]、狗枣猕猴桃 [*Actinidia kolomikta* (Rupr) Maxim.]、葛枣猕猴桃 [*Actinidia polygamu* (Sieb. et Zucc.) Maxim.]
杜鹃科	越橘属	笃斯越橘 [*Vaccinum uliginosum* Linn]、红果越橘 (*Vaccinium vitis-idaeu* Linn)
忍冬科	忍冬属	蓝靛果（山茄子）[*Lonicera caerulea* Linnvar. eduli (Turcz.) Rgl]
五加科	五加属	刺五加 [*Acanthopanax senticosus* (Rupr. et Maxim.) Harms]、短梗五加 [*Acanthopunax sessiliflorus* (Rupr. et Maxin.) Seem]
茄科	酸浆属	酸浆（红姑娘）[*Physalis francheli* (Masters. var. bunyardü) Makino]
胡颓子科	鼠李属	沙棘 (*Hippophae rhamnoides* L.)

大兴安岭是我国最北部的寒温带针叶林区，独特的地理位置，凉爽的气候条件，使这里的野生浆果资源在种类组成上较为单纯，只有30余种，且多属欧洲——西伯利亚及北极高山分布种，如越橘 (*Vaccinium vitis-idaea*)、笃斯越橘 (*Vaccinium uliginosum*)、黑果天栌 (*Arctous japonicus*)、毛蒿豆 (*Vaccinium microcarpum*)、兴安悬钩子 (*Rubus chamaemorus*)、北悬钩子 (*Rubus articus*)、大叶蔷薇 (*Rosa acicularis*)、东北岩高兰 *Empetrum nigrum*) 等，由红松阔叶林区延伸而来的只有如五味子 (*Schizandra chinensis*)、东方草莓 (*Fragaria orientalis*)、绿叶悬钩子 (*Rubus kanayamensis*) 等少数几种。与国内其他地区相比，大兴安岭林区林下浆果资源在种类组成上是极为独特的。

林下浆果不仅味道鲜美，天然色素含量高、营养价值也极高，还富含维生素和人体所需的多种元素；加之自然野生无污染，有的兼有医药疗效和防癌、抗癌作用，不仅可作为各种绿色食品的上好原料，而且是天然的保健食品，是具有巨大经济效益的天然宝库。开发这些资源，使其变成经济优势，是社会发展的需要，是消费者的渴望，其市场前景很大。

二、常见林下食用浆果的化学成分与功能特性

(一) 山葡萄

1. 化学成分

山葡萄是著名的林下浆果，其特点是酸高、糖低、皮厚、汁少、单宁多、色素浓、芳香和无污染，营养价值极高。每100g鲜品中含蛋白质0.2g、总糖7~9g、总酸2~3g、单宁0.05~0.12mg、钙4mg、胡萝卜素0.04mg和少量磷、铁等。山葡萄浆果的色素含量远高于普通葡萄对照品种，平均为对照品种的5.83倍；山葡萄种质内部的色素含量相差也较大，高色素山葡萄种质为低色素山葡萄种质色素含量的7.61倍，高色素山葡萄种质所占比率相对较低，浆果色价值在45~51.5之间的种质只占2.3%；影响山葡萄浆果色素含量的主要因素为果皮中的色素含量，果皮率为次要因素。此外，山葡萄中还含有杨梅素（myricetin）、木犀草素（luteolin）、齐墩果酸（oleanolicacid）、没食子酸（gallicacid）和β-谷固醇（β-sitosterol）等化合物。因此，山葡萄是酿酒和榨汁的极好原料。蛋白质主要存在于种子和果皮中，其中氨基酸多达10余种。种子含油率10%左右，出油率达4.66%，总氮量为14.29%，蛋白质85.74%，还有烟酸等；此外，还含有钾、钠、钙、镁、铝、锰、铜、锌、硼等。山葡萄酒氨基酸含量较栽培葡萄酒低，但含有栽培葡萄酒没有的酪氨酸和组氨酸，使山葡萄酒更具营养、口味更好、香气更浓，提高了酒的质量。若榨成果汁，则每100mL果汁中平均含还原糖10.35g（4.74~17.70g），可滴定酸2.44g（1.19~3.88g），单宁0.0535g（0.0114~0.17809g），可溶固形物为13.88%（7.50%~18.83%）。

2. 功能特性

山葡萄具有较高的药用价值，具有补气血、强筋骨、除风湿、利尿等功效，可治疗气血虚弱、肺虚咳嗽、心悸盗汗、风湿麻痹、淋病、浮肿等症。葡萄籽油具有很高的营养价值，其主要成分是亚油酸（86.48%）、棕榈酸（6.29%）和硬脂酸（4.24%），并富含多种不饱和脂肪酸，特别是亚油酸，是人体必需的脂肪酸，它具有防止血栓形成、软化血管、调节脂肪代谢、降低血中胆固醇的作用。亚油酸是人体合成花生四烯酸的前体，花生四烯酸能促进脑细胞代谢，对老年人和婴儿特别有利。所以，葡萄籽油可制成预防心脑血管疾病的药物，也可作为飞行员、高空作业人员、老人、婴儿的高级保健食用油。此外，野生山葡萄皮渣中的总多酚（PVAS）能有效地改善自由基代谢，具有抗衰老的作用。

(二) 笃斯越橘

1. 化学成分

笃斯越橘（*V. ulginosum* L）为越橘科越橘属（*Vaccinium* L）植物，其果实为蓝

黑色，又称蓝果越橘、蓝莓等，俗称甸果，分布于我国东北地区，吉林省长白山区有较多分布，储量达 5000 多吨。近年来，笃斯越橘栽培也得到了发展。笃斯越橘营养丰富，酸甜味美，含糖 6.8%、总酸 2.1%、蛋白质 0.24%、果胶 1.9%、单宁 0.25%，每 100g 果实中含维生素 C 53mg。此外，还含有黄酮、花色苷和 SOD 等，是良好的果汁原料，出汁率在 80% 以上，由其制成的饮料具有较高的营养保健作用。另外，其氨基酸含量较为丰富，在人类已发现的 23 种氨基酸中，笃斯越橘含有 17 种，其中有 8 种人体必需氨基酸及 1 种儿童必需氨基酸。笃斯越橘果实中总的花色苷含量为每 100g 鲜果中含有 256mg。通过滴液逆流色谱法和半制备高效液相色谱法可分离并提纯出单一的花色苷。在水解、光谱测定并用可靠化合物进行共同色谱分析后，13 种色素被鉴定为 3-单苷，其中糖苷配基锦葵色素、翠雀素、花青素和矮牵牛配基以及蔗糖葡萄结合在一起；阿拉伯糖、半乳糖、芍药色素和葡萄糖结合在一起。另外还检测出了 3 种色素，每种色素的含量都少于花色苷总含量的 1%，其中的两种——芍药色素-3-半乳糖苷和芍药色素-3-阿拉伯糖苷是用可靠化合物进行共同色谱分析鉴定出来的。主要的色素锦葵色素-3-葡糖苷，占总花色素苷的 35.9%。

2. 功能特性

笃斯越橘因具有独特的风味及营养保健功能，被联合国粮农组织列为人类五大健康食品之一。在我国古代医学书籍中，有很多关于越橘入药的记载。而现在欧美国家对笃斯越橘的营养保健功能也进行了大量研究，特别是在笃斯越橘的抗氧化防衰老、改善记忆和视力、消炎抗菌、治疗心血管疾病等方面。笃斯越橘的很多保健功能都和它的抗氧化能力有关。美国农业部人类营养中心的研究人员比较了 40 多种新鲜水果和蔬菜的抗氧化活性，发现笃斯越橘是所有样品中抗氧化活性最高的。采用氧自由基吸收法测定时，每 100g 笃斯越橘的抗氧化值为 2400，大大高于橙子和花椰菜的抗氧化值。笃斯越橘的强抗氧化能力可减少人体代谢副产物自由基的生成，而自由基与人类的衰老和癌症的发生具有某种关系。而且，笃斯越橘中含有的一种化合物可防止细菌附着在尿道壁的细胞上，从而对预防尿路感染具有益处。此外，笃斯越橘中还含有某些具有特殊医疗保健作用的化合物，可减少心血管病，增强胶原质，调节血糖，改善夜视，减少 HIV 病毒的复制和治疗腹泻等。科学证实，笃斯越橘所含的一种色素化合物——花青素（anthocyanin）可减少人体中"坏"的胆固醇的积累，对预防心血管病很有作用，因此在红酒中添加笃斯越橘花青素可以对心脏病起到很好的辅助食疗作用。笃斯越橘叶中含有较多的黄酮类成分与鞣质，故有收敛、抑菌作用。民间用叶煎汁作为轻泻剂，干粉用于外敷伤口。

(三) 蓝靛果忍冬

1. 化学成分

蓝靛果忍冬（*Lonicera caerulea* L. var. *edulis* Tur-cz et Herd.）又名山茄子、蓝靛果、黑瞎子果、狗奶子等，为忍冬科（Caprifoliaceae）、忍冬属（*Lonicera* L.）植物，是一种分布广、抗寒、利用价值高的野生浆果果树资源。其果实营养丰富，每100g成熟鲜果中维生素C含量为67.2mg、蛋白质2g、磷28.6mg，且富含人体需要的几十种氨基酸，总量达7.19%~8.13%，高于普通水果。其中必需氨基酸1.96%~2.72%，占氨基酸总量的40%左右。此外，还含有糖0.64%、酸2.48%、微量维生素及多种矿物质等人体必需的重要营养成分。硫胺素（维生素B_1）0.26mg/100g、核黄素（维生素B_2）0.72mg/100g、维生素B_6 1.91mg/100g、烟酸130mg/100g、维生素C 67.62mg/100g，尤其是烟酸含量高出普通水果近百倍，对于脂肪和碳水化合物含量较低的现代保健饮品，维生素具有特殊的营养生理意义；矿物质元素中，以锌（1.85mg/100g）、镁（35.5mg/100g）、铁（8.5mg/100g）、钙（45.8mg/100g）、磷（38.62mg/100g）的含量较高。此外，蓝靛果果实中还含有黄酮类成分，如黄酮醇、二氢黄酮、二氢黄酮醇、4′-羟基黄酮醇等，黄酮总含量为1.3%，且黄酮类成分总含量和果实的生长期呈线性关系，果实成熟期含量最高，果实脱落期含量略有下降。将蓝靛果加工制成果汁后，测得其中几种氨基酸的含量如下：总氨基酸的含量为0.408%；中性氨基酸含量为0.246%；碱性氨基酸含量为0.081%；酸性氨基酸含量为0.081%；必需氨基酸含量为0.150%。其中8种人体所必需的氨基酸为缬氨酸、亮氨酸、异亮氨酸、苯丙氨酸、苏氨酸、蛋氨酸、色氨酸和赖氨酸，在总氨基酸中的相对含量为36.8%。其中相对含量最高的是亮氨酸，其次是赖氨酸，再次是缬氨酸、异亮氨酸、苯丙氨酸、色氨酸、苏氨酸，蛋氨酸的相对含量最低。微量元素分析结果可以看出，蓝靛果果汁中含有14种矿物质元素，即钾、钙、镁、锌、铁、铬、铜、锰、镍、磷、锶、钛、铝、钡等。其中钾的含量最高（83.8μg/g），其次是钙、镁、磷等。

2. 功能特性

蓝靛果果实可生食，也可加工成果酱、果汁、果酒、蜜饯等。其果实汁液丰富，出汁率高达88.5%，果汁深紫红色，可作为酿制各种营养保健饮料或食品的优质原料，还可提取天然红色素。以蓝靛果为原料所酿制的果酒，色泽鲜艳，紫红透明，果香怡人，浓郁醇厚，营养丰富，经常饮用能增进食欲、坚固牙齿、强筋骨、助消化、延年益寿，有强壮身体之功效。蓝靛果除食用外，还有较高的药用价值，其果实可入药，具有清热解毒、败火、化湿热等功效，可治肠风、赤痢。蓝靛果的生理功能如下：

蓝靛果能降低小鼠血清谷草转氨酶活力，对四氯化碳损伤小鼠肝脏具有保护作用。蓝靛果能减轻肝细胞坏死、防止脂肪变性及促进肝细胞恢复。

蓝靛果果汁对使用化疗药后小鼠白细胞降低有明显缓解作用，并可缓解小鼠体重减轻，明显提高小鼠生存率。因此，该果汁可作为肿瘤化疗时，减缓化疗药物副反应，提高生存质量和生存率的辅助药品。

蓝靛果可明显提高小鼠耐高温、耐疲劳、耐寒、耐缺氧的能力，并提高其应激反应能力。

心肌缺氧是冠心病基本的病理生理过程，心肌缺血时因血流量的减少，心肌不能获得足够的氧而致心肌缺氧。心肌缺血缺氧会引起心肌细胞代谢过程紊乱，尤其是能量物质的生成锐减，正常心功能难以维持，心肌收缩性减弱，心舒张功能障碍等。又因血流减少，有害的产物难以清除。因此，心肌缺血的最根本防治措施仍是改善供血，降低耗氧，通过消除或对抗有害物质对心肌的不良影响以保护心肌。蓝靛果不仅对常压缺氧和组织缺氧小鼠有保护作用，而且也能明显延长特异性增加心脏耗氧的小鼠的生存时间，说明其能改善心肌氧的供求。此外，蓝靛果对减压缺氧小鼠也有明显的保护作用，对冠心病也显示出一定疗效。

矿物质和微量元素对人体的营养生理意义近年来才为人所知。有些食品如肉类具有强酸作用，它们在人体新陈代谢的缓慢过程中会产生有酸性作用的物质。为了防止酸性物质在人的体内积累并产生伤害作用，可以用具有碱性作用的食品与酸性代谢物质中和。为了保证并协调人体组织的各种功能，必须保证血液和人体其他体液的碱性特征。而蓝靛果果汁以其高钾含量的碱性特征恰好就是符合这一要求的饮品。此外，烟酸是抗癞皮病维生素，不足会使人患神经营养障碍，特别是皮炎、胃肠炎和神经炎，而蓝靛果中富含烟酸。并且它还可以防治高血压。微量元素是人体不可缺少的成分，它参与人体代谢，对机体自身稳定起着重要作用。儿童如果缺锌、铁、钙则易患厌食症。故可用蓝靛果制作防治儿童厌食症的保健食品。

专家调研发现在蓝靛果产地长期生活的居民中，没有癌症患者。由此可见，蓝靛果果实确是一种兼有营养和药理作用的值得开发的天然资源。它对调节人体的生理功能、补充人体所需的营养物质有不可忽视的作用。

（四）草莓

1. 化学成分

张家界地区的林下草莓营养成分中含粗蛋白 8.789%，粗纤维 27.69%，粗脂肪 7.51%，灰分 1.32%，水分 7.0%，磷（P_2O_3） 1.0242μg/g，硒 0.4039μg/g，锌 70μg/g，铜 7.3μg/g，锰 81μg/g，钠 55μg/g，铁 0.20mg/g，镁 6.452mg/g，钾 17.956mg/g，钙 8.737mg/g。这其中，除硒的测定是用鲜果直接测定外，其余测定项目均是用干样测定。可见，草莓中含有多种人体必需的矿物质元素，如钾、钙、铁、锌、镁、锰、铜、钠、磷、硒等，并且锌、钾、钙、镁和锰等的含量还比较高。由此可见，林下草莓中含有丰富的营养物质，并且具有较高的药用价值，而且它又是一种无污染、纯天然的食品，迎合了现代人的口味，具有很大的开发价值。

2. 功能特性

草莓中所含有的丰富的矿物质是人体生命活动不可或缺的。例如，锌不但参与上百种酶的合成与激活，并且直接参与生长发育、性机能神经、内分泌、免疫遗传等功能，还具有防衰老、抗肿瘤等功效。铁是构成血红蛋白、肌红蛋白、细胞色素及过氧化氢酶的重要成分。钙是人体含量最丰富的元素之一，它在神经肌肉应激、神经冲动传递等生理过程中起着非常重要的作用。锰的功能是参加机体的新陈代谢，促进氧化，提高蛋白质的代谢，抗脂肪肝，促进幼小机体的发育、性成熟及生殖过程，并与维生素 B_1 的代谢有关。硒作为一种生命的必需元素，能保护细胞膜的结构和功能，增强人体代谢功能和免疫能力，同时具有抗癌作用。钠、钾、镁、铜等在人体内也都有不同的生理功效。

(五) 刺玫果

1. 化学成分

刺玫果（*Rosudavurica* Pall）又名野玫瑰、山刺玫。蔷薇科林下植物果实，生于林缘开阔的山坡灌丛间及杂林中。刺玫果的果实呈球形，壁坚脆，橙红色，直径1.2cm 左右，味酸甜。刺玫果结果率高，储量丰富，含有 28 种微量元素、多种氨基酸以及大量维生素。其中维生素 C 的含量达 4.3%~7.2%，是橘子的 40~100 倍，苹果的 400 倍，还含有维生素 A、维生素 B_1、维生素 B_2 等，被称为"天然维生素浓缩物"。另外，刺玫果还含有单宁 5.5%、多糖、果胶、有机酸、橙皮苷和黄酮等化合物。花中含有皂苷和香豆素，味甘，微苦。根部主要含儿茶类鞣质，含单宁5.88%。其树皮含单宁 14.32%，是很好的烤胶原料。

2. 功能特性

中医认为，刺玫果有健脾理气、助消化、止血、解郁、止咳祛痰、止痢等功效。主治消化不良、食欲不振、胃腹胀满、小儿食积、慢性气管炎、肠炎、细菌性痢疾、月经不调、功能性子宫出血等；果煎剂可促进凝血，预防出血，可用于动脉粥样硬化、维生素 C 缺乏等症。经饮用或灌胃给予刺玫果的小鼠，其红细胞中超氧化物歧化酶（SOD）及皮肤中羟脯氨酸含量均有所升高（$p<0.05$）。血中过氧化脂质（LPO）含量有所降低（$p<0.05$）；脑和肝中 B 型单胺氧化酶（MAO-B）活力下降；心肌脂褐素含量降低（$p<0.05$ 或 $p<0.01$）。说明刺玫果能抑制自由基的过氧化作用，保护生物膜。而 SOD 活力的提高，能使超氧自由基减少，从而降低 LPO 和脂褐素的积累。此外，刺玫果还能抑制胶原纤维的交联，增加它的膨胀能力，防止皱纹出现，延缓皮肤衰老。当 MAO-B 的活力被抑制时，则可

改善中老年人脑中单胺能神经系统的功能，使用 MAO-B 的抑制剂，实现在生物学上的"复壮"也是完全有可能的。由此可见，刺玫果具有明显的延缓衰老的作用。

（六）越橘

1. 化学成分

越橘（*Vaccinium vitis-idaea* L.）别名红豆、小苹果、牙疙瘩，属于杜鹃花科越橘属。原产于我国东北，常与笃斯越橘混生，为常绿小灌木。果实为亮红色，风味酸涩，营养丰富。通常 100g 栽培越橘中含有水分 85.15g、蛋白质 1.12g、灰分 0.19g、脂类 0.02g 和碳水化合物 13.51g。碳水化合物主要包括果糖 5.2g、葡萄糖 5.1g、蔗糖 0.3g 和纤维素 2.86g。在矿物质中，钾、钙、锰、锌和铜的含量较为丰富，是人体补充这些金属元素的较好来源。果实中含糖、游离酸、安息香酸、鞣酸、苯甲酸、类胡萝卜素、番茄红素、玉蜀黍黄素、儿茶精、柠檬酸、草酸、苹果酸、奎宁酸、丙酮酸、乙醛酸、酮戊二酸、胡萝卜素等；叶中含熊果苷、甲基熊果苷、鞣质、维生素和没食子酸、熊果酸等。其色素的主要成分为矢车菊苷元-3-单半乳糖苷、芍药花苷元-3-单半乳糖苷和矢车菊苷元-3-单阿拉伯糖苷、芍药花苷元-3-单阿拉伯糖苷。

2. 功能特性

抗菌利尿，抗炎抗癌，抗衰抗氧化，可用于淋病、肾炎、膀胱炎、感冒、止血、夜盲症、毛细血管脆弱、脑血管障碍、胃溃疡的治疗。欧洲野生种越橘花色素（*Vaccinium myrtillus* anthocyanosides，VMA）的临床研究发现，它对多种眼科疾病有很好的治疗效果。可激活视网膜酶，促进视紫红质的合成；提高暗光下的视力，治疗夜盲症。保护血管，并有维生素 P 样的作用，可强力维持毛细管的渗透性。抑制由肾上腺素和三磷酸腺苷所引起的血小板凝固，并可预防血栓症和动脉硬化。抑制胶原分解酶的活力，强化胶原基质。治疗关节炎症。抗黏着性的作用使膀胱和输尿管内壁附着的细菌数大为减少，从而治疗尿路感染症。抗溃疡活性，抑制癌细胞酶活力，限制其增殖。越橘的粗提物是癌促进剂 TPA 引起的鸟氨酸脱羧酶（ODC）活力的有效抑制剂。调整糖尿病患者的血糖值，减少胰岛素的注射量；治疗由糖尿病引发的视网膜出血性病变，预防白内障。具有强有力的抗氧化、清除自由基的作用。调节血管的收缩，维持正常的血压范围；可治疗末端血管病及配合静脉瘤手术。

（七）刺梨

1. 化学成分

刺梨（*Rosa roxburghii* Tratt. f. normajis Rehd. etwits）又名茨梨、文先果、送春归、缥丝花等。属于蔷薇科刺梨属，分布于苏、鄂、川、贵、云、粤等省区。刺梨果实以其营养成分种类齐全、含量丰富而闻名。果实可食部分约占72.6%，含总酸21.6%、总糖3.25%~9.90%（其中葡萄糖含量为3.57%~6.64%、蔗糖含量为2%~2.77%，还有木糖、苹果酸、柠檬酸、单宁等）、蛋白质3.28%~8.34%（干基）、脂肪、无机盐、粗纤维等，且含有极为丰富的维生素A、B族维生素、维生素C、维生素P，尤以维生素C、维生素P含量为最高。据测定，每100g刺梨鲜果中维生素C含量高达2087.8~3499.8mg，为苹果的800余倍、中华猕猴桃的10倍、橘子的100倍、山楂的23倍，被誉为"维生素C之王"。成熟的刺梨含有18种氨基酸。其中，除色氨酸外，刺梨含有所有人体不能自行合成的必需氨基酸，如苯丙氨酸（平均0.29%）、缬氨酸及亮氨酸（平均0.26%）、异亮氨酸（平均0.21%）、苏氨酸（平均0.19%）、赖氨酸（平均0.07%）、蛋氨酸（平均0.04%）；此外还含有天冬氨酸、丝氨酸、谷氨酸、甘氨酸、丙氨酸、酪氨酸、组氨酸、精氨酸。刺梨还含有6种脂肪酸（棕榈酸、棕榈烯酸、硬脂酸、油酸、亚油酸和亚麻酸），其中不饱和脂肪酸占总脂肪酸的比例在种子中高达91.9%。刺梨果实中还含有鞣酸及相关的多酚类物质、刺梨多糖和多种微量元素，其平均含量为：铜17.0mg/kg、锰24.9mg/kg、锌16mg/kg、铁131.6mg/kg、硒0.052mg/kg。随着对植物体中所含超氧化物歧化酶（SOD）的深入研究，人们发现刺梨中含有较多SOD。经研究这是一种含铜、锌的SOD，且含量颇高，以1000g刺梨可食部分计，总活力为185480U。刺梨中除了分离鉴定出以上多种的化学成分外，还含有β-谷固醇、原儿茶酸及委陵菜酸等多种具有保健疗效的成分。

2. 功能特性

刺梨是一种强身健体、防病治病的药用型水果。据《本草纲目》记载："食之可解闷、消积滞。"现代大量研究也表明刺梨具多种药用保健的功效，其花、叶、果、籽均可入药，有健胃、消食、滋补、止泻的功效，可用于消化不良、身体虚弱、食积腹胀、胃脘痛、牙痛、咽喉炎、血小板出血、缺铁性贫血、高血压、肥胖症、动脉硬化、自汗盗汗、久咳、久泻、遗尿、遗精及妇女白带、妇女月经过多等症的治疗。特别是刺梨富含超氧化物歧化酶（SOD），SOD是国际公认的具有抗衰、防癌作用的活性物质，并且它还具有抗病毒、抗辐射的作用，在心血管、消化系统和各种肿瘤疾病的防治方面，应用十分广泛。而刺梨中丰富的维生素C又具有保护超氧化物歧化酶活力的作用，两者相辅相成，更是增强了其抗癌、抗衰老等作用。

抗衰老作用：刺梨富含SOD，刺梨汁对人体抗衰老的试验证明其不仅可大大改善衰老症状，并且可以使血中SOD含量增加，从平均（1131.72±204.36）ng/mgHb上升到（1842.69±253.51）ng/mgHb，使LPO（脂质过氧化物）下降，从平均（4.94±0.94）nmol/mL下降到（3.09±0.85）nmol/mL。MAO（单胺氧化酶）活力在45岁以后随年龄增长而急剧增加，MAO 催化底物主要是单胺类的神经递质，当 MAO 升高，单胺类神经递质就会被氧化分解，从而促进神经系统老化。所以，MAO 活力的增加是衰老的一个重要指标。研究发现，刺梨具有抑制衰老小鼠脑 MAO 活力的作用，进而减少 MAO 的脱氧作用，延缓大脑的衰老。

此外，饮用 20% 刺梨汁的青年小鼠心肌和肺组织中脂质过氧化物和大脑组织中脂褐素的含量显著或极显著地低于同龄未饮用刺梨汁的小鼠，这也证实了刺梨具有抗衰老的作用。

抗癌作用：刺梨汁可阻断大鼠体内亚硝胺的合成从而抑制肿瘤的生长。给动物口服亚硝酸钠及 L-脯氨酸后，在体内亚硝化形成 N-亚硝基脯氨酸（NPRO），其经尿排泄量平均为 31.11nmol，而给予维生素 C 或刺梨汁后可使 NPRO 排泄量减少到 18.31nmol 及 7.02nmol，亚硝化阻断率分别达到 41.82% 及 78.70%；给孕鼠口服亚硝酸钠及乙基脲后，可在体内形成 N-亚硝基乙基脲（NEU），使仔鼠出生后 133~279d 100% 死于肿瘤，给予刺梨汁可使仔鼠患瘤率降到 14%。另外，自愿受试者口服亚硝酸钠及 L-脯氨酸后，24h 尿 NPRO 排泄量为 63.29nmol，给予刺梨汁及维生素 C 后排泄量下降到 16.08nmol 及 27.59nmol。类似研究也证明刺梨可阻断氨基比林和亚硝酸钠在动物体内合成二甲基亚硝胺，从而阻止肝脏发生癌前改变，使肿瘤发生率减少 86%。其中的影响因素就是鲜刺梨汁中含有一种抗衰老、抗癌的活性物质——超氧化物歧化酶（SOD）。SOD 被专家们称为人体里的清洁师，它能催化超氧化物阴离子自由基的歧化作用，使其成为分子氧和过氧化氢，从而减轻超氧化自由基对机体的损害，减少癌病的发病率，并延长人体衰老的过程。另外，维生素 C 也是抗癌的有效成分之一，它有较强的抗氧化作用，能与胃中的亚硝酸盐或硝酸作用，抑制强致癌物亚硝胺的形成，还能阻止化学致癌物的致癌作用，破坏癌细胞增生时产生的酶的活力，使癌细胞无法增生。此外，从刺梨汁中可提取分离出化合物（+）-儿茶素［（+）-catechin］。据报道，这种物质具有抗肿瘤、清除自由基、抑制及阻断致癌物和致突变物、提高人体免疫机能、防止和抑制毒化细胞及胞间传染、防止血栓形成及降脂等作用。

刺梨对动物免疫功能的影响：刺梨多糖对小鼠多种细胞及体液非特异性免疫功能影响明显，如增强巨噬细胞吞噬功能，提高血清溶菌酶水平；对特异性免疫功能也有作用，可使 B 淋巴细胞增多，分泌抗体的功能增强，还使小鼠外周血 T 淋巴细胞增加。

刺梨可改善消化系统功能：刺梨根煎液可显著减轻应激性溃疡导致胃黏膜损伤的严重程度，明显减缓过氧化脂质的升高，并显著提高 SOD 的活力。临床观察证明刺梨对消化不良、腹胀、便秘等有良好作用，这是由于刺梨可加强胃肠道平滑肌运动，使胆汁、胰液流量增加，并提高胰液中总蛋白含量，从而促进食物的消化，增强肠道的吸收功能。

刺梨对某些职业中毒疗效的初步观察：刺梨汁可治疗铅中毒，并能明显改善腹部隐痛、失眠、腹泻、头昏、头痛等症状。在排铅以及预防微量元素紊乱综合征发生方面，其作用不低于 EDTA-Na_2 或 EDTA-Ca，但迄今未见公开报道；刺梨还可治疗苯胺中毒引起的高铁血红蛋白症，使其还原成二价铁正常血红蛋白。另外，刺梨汁能拮抗高氟引起的肝肾组织抗氧化能力的降低；还可显著增加粪锰排出量，降低血清和脑组织锰含量，并可补充血清和脑组织锌的含量。此外，刺梨汁不但有驱镉作用，且能拮抗自由基、脂质过氧化的损害和保护肾功能。刺梨汁可显著增加尿汞排泄和血清维生素 C 的含量，并使慢性汞中毒引起的血清、肝、脑和肾 GSH 含量显著回升。刺梨的解毒作用可能与其富含 SOD、维生素 C、维生素 E、刺梨多糖及硒、锌等成分有关。

第二节　浆果饮料的加工

一、山葡萄饮料

（一）山葡萄果汁

1. 工艺流程

原料→分选→清洗→去梗→破碎→加热→榨汁→过滤→加热→暂存→调配→精滤→灭菌→灌装→密封→冷却→成品

2. 操作要点

原料要求：选用充分成熟、色泽深的山葡萄果实，剔除生青果实及霉料果实，用清水漂洗干净。

去梗、破碎：采用除梗破碎机进行，破碎后将果浆加热到 72℃ 左右保持 5min。

榨汁、过滤：加热后先筛滤出果汁，对剩余果肉等通过压榨机榨汁。两种汁混合后利用筛网或过滤机过滤。

加热、贮存澄清：将果汁加热到 85℃ 左右，除去液面的泡沫，然后输入贮存罐中，密封，在 0~1℃ 的条件下，静置数月，使杂质沉淀，果汁得以澄清。

调配：山葡萄原汁色泽深、酸度大，必须酌情调整糖酸比或加以稀释。成分调整后进行精滤。为保证成品汁的稳定性，可采用明胶、酶制剂等处理，然后澄清过滤。

灭菌：采用高温瞬时灭菌机进行灭菌处理，随后立即灌装、封口、冷却。

(二) 林下山葡萄露

1. 工艺流程

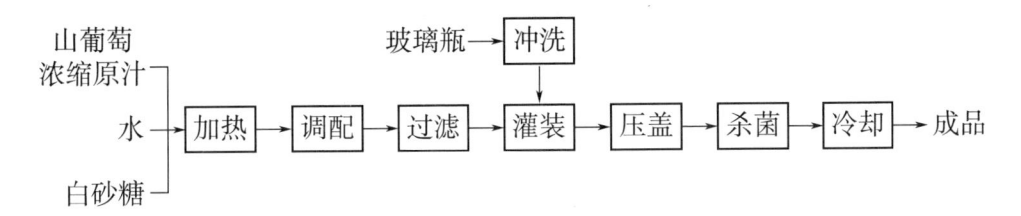

山葡萄浓缩原汁、水、白砂糖 → 加热 → 调配 → 过滤 → 灌装 → 压盖 → 杀菌 → 冷却 → 成品

玻璃瓶 → 冲洗 → 灌装

2. 操作要点

原料：按总料液的 3% 称取山葡萄浓缩原汁，按总料液 10% 称取白砂糖（一级）。

调配：采用两个配方——配方Ⅰ：按总料液 2% 糖度折算糖精+0.2% 甘草+少许焦糖色素+0.053% 柠檬酸；配方Ⅱ：按总料液 2% 糖度折算糖精+0.2% 甘草（煮液）+少许焦糖色素、少许天然鞣酸+0.053% 柠檬酸+总料液 3% 的 35% 酒精体积分数的糯米甜酒。

过滤：用 120~160 目尼龙滤布过滤。

灌装、压盖：料液温度 75~80℃ 灌装后压盖。

杀菌：压盖 15min 内杀菌；杀菌公式为：(3′—5′—3′)/100℃。

冷却：料液冷却至 40℃ 左右即为成品。

3. 注意事项

首先将水和白砂糖煮沸 3min 左右，以挥发掉不良气体，然后再依次加入山葡萄浓缩原汁进行调配，过滤后进行灌装。在配方Ⅱ中添加少许天然鞣酸能使口感清爽，特别是在少许甘草和糯米甜酒的协同作用下更显出山葡萄浓郁、独特的风味。如果冷藏至 5~8℃ 饮用，其口感更为清爽、明快。

(三) 林下山葡萄汁汽水

1. 工艺流程

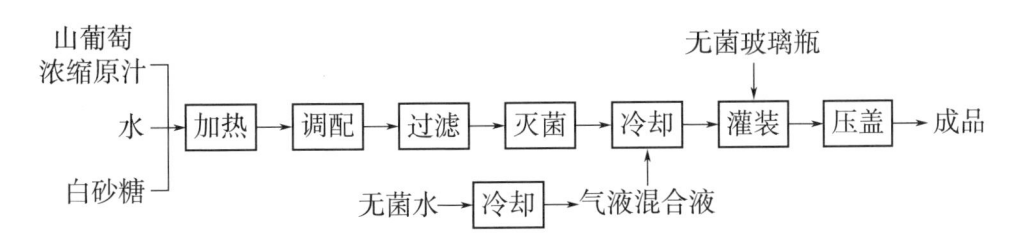

山葡萄浓缩原汁、水、白砂糖 → 加热 → 调配 → 过滤 → 灭菌 → 冷却 → 灌装 → 压盖 → 成品

无菌水 → 冷却 → 气液混合液

无菌玻璃瓶 → 灌装

2. 操作要点

原料：按总料液 3% 称取山葡萄浓缩原汁，按总料液 10% 称取白砂糖（一级）。

调配：采用"林下山葡萄露"配方Ⅱ，按配方Ⅱ称取各项原料后制成 50°Bx 的糖浆，并在最后添加总料液量 0.03% 的苯甲酸钠。

无菌玻璃瓶：用含量为 0.1% 左右的 K_2MnO_4 液浸泡玻璃瓶 10~15min，用毛刷清洗干净，然后用无菌水冲淋干净后沥干即可。

无菌水→冷却→气液混合液：将饮用水经砂棒过滤后再经紫外线杀菌器杀菌后泵入汽水机内冷却至 3~5℃，二氧化碳在 0.4MPa 下进行膜状气液混合。

灌装：将调好味的糖浆 1 份+气液混合液 4 份灌装后立即用无菌盖压盖密封即为成品。

（四）林下山葡萄带果肉原汁饮料

1. 工艺流程

容器为透明玻璃瓶时的工艺过程：

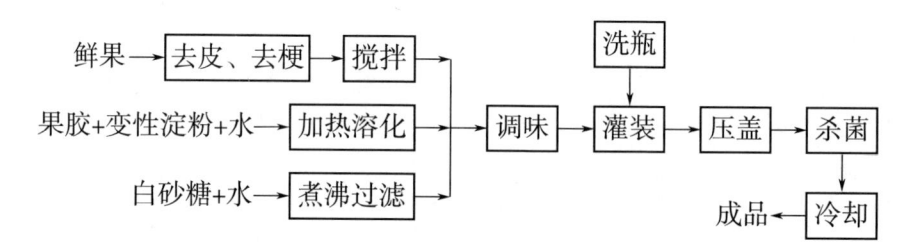

```
鲜果→去皮、去梗→搅拌─┐            ┌洗瓶┐
果胶+变性淀粉+水→加热溶化├→调味→灌装→压盖→杀菌
白砂糖+水→煮沸过滤─────┘                 ↓
                                    成品←冷却
```

容器为不透明易拉罐时的工艺过程：

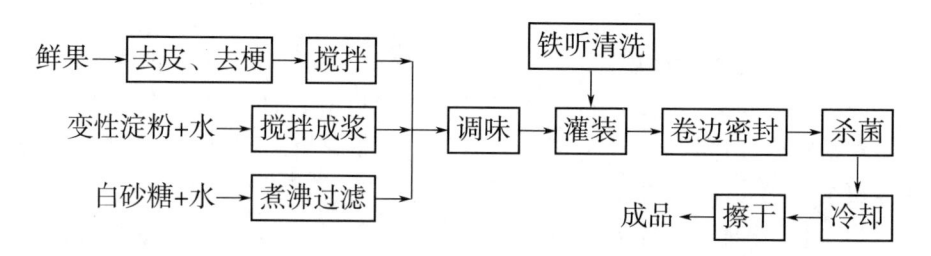

```
鲜果→去皮、去梗→搅拌─┐           ┌铁听清洗┐
变性淀粉+水→搅拌成浆├→调味→灌装→卷边密封→杀菌
白砂糖+水→煮沸过滤──┘                 ↓
                              成品←擦干←冷却
```

2. 操作要点

果胶+变性淀粉+水→加热溶化：此过程的目的是使山葡萄果肉均匀悬浮于玻璃瓶内。其方法是用少量热水将果胶溶化后冷却待用；再用少量凉开水将变性淀粉调成浆后与果胶液充分混合；再将混合液用凉水调成稀浆，在调味时依次徐徐倒入并充分搅拌至料液沸腾即可。

白砂糖+水→煮沸→过滤：按总料液量 10% 称出白砂糖，煮沸 5min 后用 120~160 目尼龙过滤布过滤。

鲜果→去皮、梗→搅拌：皮、梗要全部去掉。搅拌的目的是适当地破碎果肉和尽可能地除去果核。在搅拌的过程中添加 0.005% 的抗坏血酸防氧化。鲜果用量按总料液量 10% 称取。

调味：按总料液 2% 糖度折算糖精+0.1% 甘草（煮液）+少许焦糖色素、少许天然鞣酸+0.053%柠檬酸+0.2%酒精度为35%的糯米甜酒,然后将全部料液煮沸1~3min。

铁听清洗:用70℃左右的热水喷射清洗。

灌装:透明玻璃瓶——料液在75~80℃时灌装压盖;铁听易拉罐——料液在70℃时灌装卷边密封,其灌装密封后顶隙取8~10mm。

杀菌:灌装后在15min内进行常压杀菌。杀菌公式:(3′—5′—3′)/100℃。

冷却:料液冷却至38℃时即可入库。

3. 注意事项

果肉的悬浮:由于果肉与料液相对密度的差异,山葡萄果肉会出现下沉的现象,特别是在果核不去尽,灌装温度较低时的情况下更严重,这对饮料风味虽无太大影响,但在使用透明包装容器时,大大影响了饮料的外观。为了解决这个问题,可加入0.03%的适量果胶,0.3%的变性淀粉。

林下山葡萄鲜果的去皮去核技术:生产全天然林下山葡萄带果肉原汁饮料的第一步是将山葡萄鲜果去皮、去梗、去核。去皮、去梗的难易程度取决于成熟程度。用搅拌方式去皮、去梗时以完全成熟为好,其转速控制在350~450r/min时去皮、去梗和去核的分离效果较好。目前,国外对葡萄的去皮、去梗采用冻结法,如日本制造的葡萄速冻脱皮机,在减少果汁流失、保持果肉完整率等方面取得了较好的效果。

果核对制品风味的影响:当不去核时,其悬浮剂的分量较大,即糊口感重,悬浮效果差。当去核时,其悬浮剂的分量小,即口感和风味的效果好,且悬浮效果也好。但要注意去核时不要使果肉破坏过分细小,因为果肉过分细小时就不能充分显出山葡萄特有的滑口、清爽感。

二、笃斯越橘饮料

(一)工艺流程

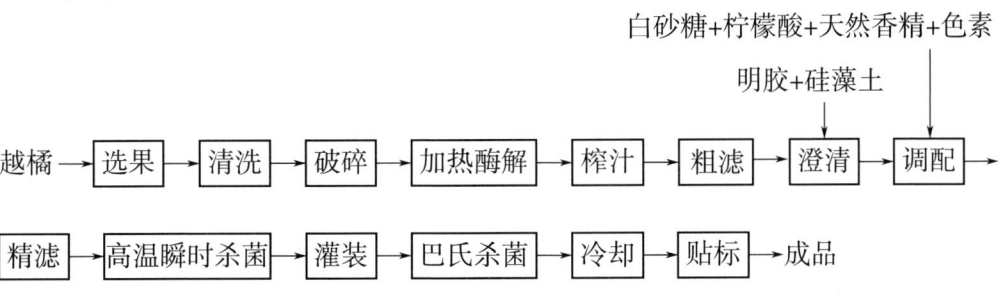

越橘→选果→清洗→破碎→加热酶解→榨汁→粗滤→澄清→调配→

(白砂糖+柠檬酸+天然香精+色素,明胶+硅藻土)

精滤→高温瞬时杀菌→灌装→巴氏杀菌→冷却→贴标→成品

(二)操作要点

(1)果实清洗:因笃斯越橘果实表皮易破,故采用喷淋式清洗,洗去果实采后的污物即可。

(2)破碎:采用辊式破碎机压破果皮即可。

(3) 加热酶解：先用管式换热器加热至70℃，保温15~20min，降温至45℃，加入0.05%的果胶分解酶，保温3~4h。

(4) 榨汁：杠杆式榨汁机压榨出汁，此为一次汁。将果皮渣加入果质量15%的热水中浸提30min，压榨出二次汁；果皮渣还可再加入果质量10%的热水浸提20~30min，压榨出三次汁。将3次榨出的汁合并，此为笃斯越橘原汁。

(5) 澄清：果汁经100目双联过滤器过滤后入澄清罐。笃斯越橘果汁中含有较多的单宁物质，明胶可与单宁形成絮状络合物，此络合物沉降的同时，果汁中的悬浮颗粒也被缠绕而随之沉降；膨润土可以通过吸附作用和离子交换作用去除其他悬浮物质及过量的色素，并迅速凝结形成致密沉淀。可采用两种方法处理：①明胶—膨润土联合方法来处理：最小剂量为明胶225mg/L、膨润土2250mg/L。先向原汁中加入一定量的明胶溶液，摇匀，静置30min左右再加入膨润土，摇匀，静止10~12h抽取上清液；②明胶—硅胶—膨润土联合处理：每100L果汁加入10g明胶、30%的硅胶溶液37.5mL及75g膨润土对果汁进行澄清。澄清的果汁于室温下贮藏180d后，仍保持清澈透明，无沉淀。

(6) 调配：越橘原汁15%，白砂糖10%，柠檬酸0.15%。

(7) 精滤：采用硅藻土过滤机，经10~15min的循环后，产品达到澄清透明。

(8) 高温瞬时杀菌：110℃加热处理5~10s。

(9) 灌装：将杀菌后的果汁饮料在不低于80℃下迅速灌装，密封。灌装时注意瓶内留有一定的顶隙，以便形成真空。

(10) 巴氏杀菌：灌装后的果汁饮料进行80℃、20min巴氏杀菌。

(11) 冷却：为了防止爆瓶，采用逐级冷却的方法，即80℃—60℃—40℃。

(三) 注意事项

澄清剂的添加顺序：先加入硅胶，再加入明胶混匀；静置澄清60min，经过滤后，加入温水浸泡的膨润土。

三、刺梨饮料

(一) 工艺流程

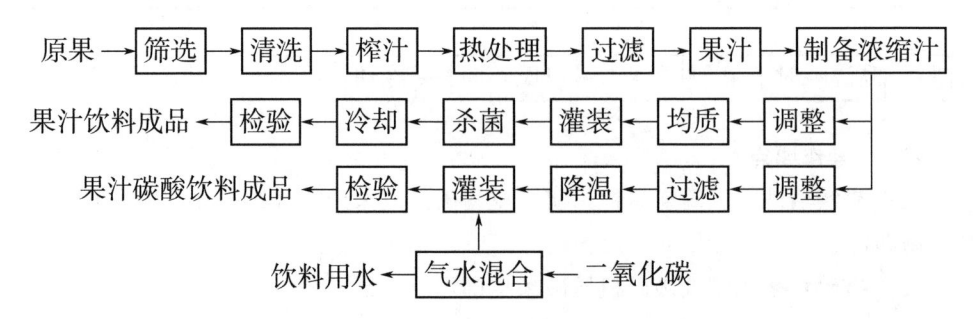

原果→筛选→清洗→榨汁→热处理→过滤→果汁→制备浓缩汁

果汁饮料成品←检验←冷却←杀菌←灌装←均质←调整←

果汁碳酸饮料成品←检验←灌装←降温←过滤←调整←

饮料用水→气水混合←二氧化碳

(二) 操作要点

1. 原料

刺梨的成熟度对产品质量有很大的影响，未成熟的青色刺梨香味淡、维生素C和糖分的含量较低，出汁率低，酸涩味重；而过熟的刺梨果实中的维生素C和芳香物质也较少，且果实易腐烂变质。因此要求选用的刺梨果实八九成熟，外观以浅黄色为佳，对于未熟果、过熟果、烂果等应予以剔除。

2. 榨汁

边榨汁边加入10%的异抗坏血酸钠溶液，用柠檬酸作为pH调节剂，使果汁的pH控制在2.7~3.1之间。最后使异抗坏血酸钠的加入量达到原果汁总量的0.1%~0.2%。加入异抗坏血酸钠可减少维生素C的损失并防止果汁褐变。

3. 瞬时热处理

该工艺可达到3个目的：杀菌、澄清、除去单宁类物质。单宁味涩，有收敛的作用，可沉淀蛋白质和一些生物碱或可溶性的鞣酸生物碱，内服能刺激肠胃黏膜，降低消化功能。在果汁中加入1%~2%聚酰胺粉，以12~20r/min的速度搅拌30min。然后通过超高温瞬时杀菌器，使其达到（105±5）℃，再经板式换热器迅速降温至40℃以下。果汁温度的骤变可以杀灭大部分酵母菌，并使果汁中的胶质及单宁凝聚，使其容易沉淀并除去。

4. 过滤

降温后的果汁进入澄清罐，先静置8h以上，取上清液经棉饼过滤器进行粗滤。然后加入1%苯甲酸后放入4℃冷库中存放2周以上，沉淀粗纤维及果肉屑等；再加入0.2%明胶和0.1%蛋清自然沉淀8~10h后取上清液制成原汁，冷藏。

5. 调整

果汁饮料：将配制刺梨饮料所需的白砂糖、柠檬酸在化糖锅内用少量的软水熬成糖浆，出锅后用200目筛的不锈钢网进行过滤，待冷却后转入配饮料的池罐中。加入5%~10%的刺梨原汁，将苯甲酸钠配成20%~30%的水溶液，边搅拌边徐徐加入饮料中。

果汁碳酸饮料：刺梨原汁8%，蔗糖10%~12%，柠檬酸0.12%~0.15%，苯甲酸钠0.018%，刺梨香料0.01%~0.05%，二氧化碳0.3%，水79%~82%。将定量的砂糖、柠檬酸混合在不锈钢化糖锅中溶化至沸，冷却过滤，再添加定量的刺梨原汁，待辅助料混合均匀，用不锈钢网进行过滤，装于清洗消毒过的贮料罐中，放入装料机内。再将已配好的料分装于清洗干净的汽水瓶中，容积为250mL的瓶每瓶装量为50mL。

6. 均质

将配制好的果汁加热至80~85℃，在60~80MPa的压力下均质，可使果汁的品质更加细腻柔和，香气持久。

7. 灌装

果汁饮料：趁热灌装可使成品保持一定的真空度，延长货架期。

碳酸果汁饮料：饮料用水：水经过滤器、净化器过滤，水压一般控制在0.15~0.25MPa为宜，经紫外线灭菌器消毒于水池中，开动制冷机，使水温降至6℃以下，在降温过程中应予搅拌使水温一致；气水混合：先打开水泵待水从上口流出时关掉水泵，用二氧化碳压至水完全流出，加压至0.5~0.6MPa，开启水泵将冷却水打入混合罐内混合。

8. 杀菌

热水杀菌30min。

9. 冷却

三片罐杀菌后应迅速降温至40℃以下，以减少营养成分的损失。若采用玻璃瓶，则只能逐级冷却，以防止爆瓶。

10. 检验

三片罐包装的产品经杀菌工艺后在室温下放置7d（或37℃下48h）观察是否有胀罐，顶部凹进者为合格品。顶部平者可判断为封盖不严，不合格。胀罐者则已被杂菌严重污染，必须销毁。玻璃瓶包装的成品可用肉眼观察果汁中是否有异物，或有无絮状沉淀等异常现象，将不合格的产品检出销毁。每批产品应按规则抽样，检验其理化指标和微生物指标。

(三) 注意事项

(1) 刺梨果汁由于单宁含量较高，涩味太重，不适合用于制作100%的果汁，一般将其用于制作20%的果汁饮料，风味较好。如要制作原果汁，必须先将单宁脱除。

(2) 在调配过程中，注意不能突然加入苯甲酸钠，以免析出沉淀，失去防腐作用。

(3) 刺梨原汁和配成的刺梨饮料不得与铁、铜等设备直接接触。如果由于生产条件所限，不能进行无菌操作，则需对灌装后的饮料进行90℃、2~4min的短时高温灭菌。

(4) 气水混合过程中应注意被混合的水温宜低不宜高，一般控制在3℃为宜。混合器内装的喷头应防止堵塞。

四、蓝靛果汁

(一) 工艺流程

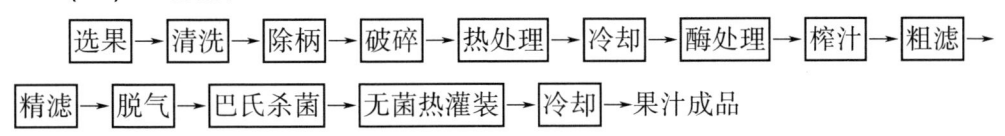

选果→清洗→除柄→破碎→热处理→冷却→酶处理→榨汁→粗滤→精滤→脱气→巴氏杀菌→无菌热灌装→冷却→果汁成品

(二) 操作要点

(1) 选果：选择成熟度好、无病虫害、无霉变的果料为原料。

(2) 破碎：采用辊式破碎机压破果皮。

(3) 热处理、冷却、酶处理：先用管式换热器加热至70℃，保温15~20min，冷却降温至45℃，再加入0.05%的果胶分解酶，保温3~4h。

(4) 榨汁：蓝靛果放入螺旋榨汁机中榨汁，将果汁浸入0.2%的维生素C护色液中。经过滤后蓝靛果的出汁率约为70%。

(5) 澄清：用明胶—单宁澄清法进行澄清，明胶配制成1%的溶液，添加到蓝靛果原汁中静置24h，添加量为0.9mL/L，将处理后的果汁稀释100倍。

(6) 脱气：主要是除去饮料中的氧气，防止或减轻色素、维生素C以及香气成分的氧化降解。可采用真空脱气，将料液打入真空脱气罐，使其分散成雾滴状，以保证脱气完全彻底。

(7) 巴氏杀菌：灌装后的果汁饮料进行80℃、20min巴氏杀菌。

五、草莓饮料

(一) 草莓汁

1. 工艺流程

原料选择→浸洗→摘果柄、萼叶→再清洗→烫果→榨汁→过滤→调整成分→杀菌→成品装罐

2. 操作要点

原料选择：选择充分成熟、无病虫污染及腐烂的果实，并选择两个品种以上搭配使用。

浸洗和摘果柄、萼叶：在流动的水槽内洗涤，洗去泥沙和叶片之类的黏附物。洗净后用0.03%的高锰酸钾溶液消毒1min，然后再用流水冲洗2~3次，摘除果柄和萼片后再淋洗一次。

烫果：烫果不能用铁锅，可用不锈钢锅或搪瓷盆，采取蒸汽加热或明火加热，把沥去水的草莓倒入沸水中烫30~60s，使草莓果中心温度达60~80℃即可。然后

捞出放在干净的盆中，果实受热后可以减少胶质的黏性和破坏酶的活力，阻止维生素 C 被氧化损失，并且有利于色素的榨出，提高出汁率。

榨汁：榨汁可采用各种压榨机，也可用离心甩干机和不锈钢搅肉机来破碎草莓。草莓破碎后，放到滤布袋内，在离心甩干机内离心，由出水口收集果汁，把 3 次压榨出的汁混合在一起，出汁率可达 75%。

果汁澄清过滤：榨出的草莓汁，为防止其变质，常添加 0.05%的苯甲酸钠作防腐剂。常温下草莓汁在密闭的容器中放置 3~4d 即可澄清，低温澄清速度更快。可用孔径 0.3~1mm 的刮板过滤机或内衬 0.8mm 孔径绢布的离心机细滤澄清。过滤的速度随着滤面上沉积层的加厚而减慢。所以过滤桶可采用加压或减压方法，使滤面上下有压力差以加快过滤速度。

调整成分：调整成分目的是使产品标准化，增加风味，调整糖度和酸度。草莓汁的糖度一般在 7%~13%，酸度不低于 0.7%~1.3%，可溶性固形物糖/酸比为 20/1~25/1。

杀菌：杀菌主要是杀死果汁中的酵母菌和霉菌。加热到 80~85℃，保持 20min 即可。对浑浊果汁采取超高温灭菌法，在 135℃维持数秒钟，可减少对风味的影响。

成品保藏：果汁灭菌后趁热装入洗净、消毒的瓶中，立即封口，再在 80℃左右的热水中灭菌 20min，取出后自然冷却，在低温下存放，一般在 5℃左右冷库中贮存。

(二) 草莓带肉果汁

1. 工艺流程

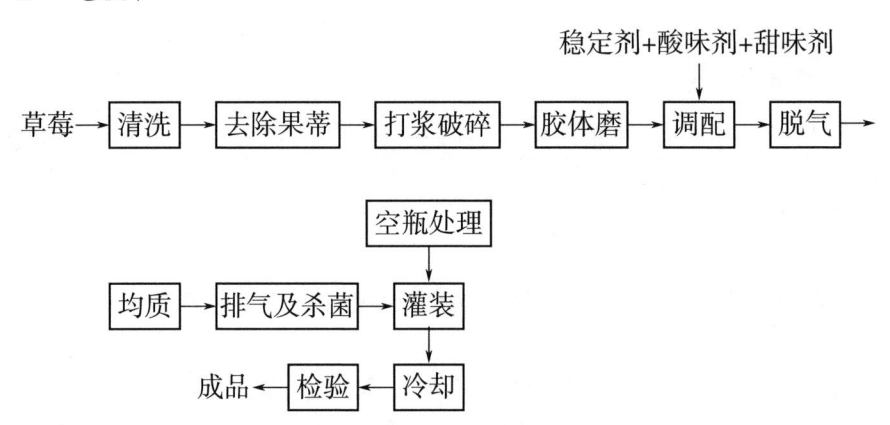

草莓→清洗→去除果蒂→打浆破碎→胶体磨→调配（稳定剂+酸味剂+甜味剂）→脱气→均质→排气及杀菌→灌装（空瓶处理）→冷却→检验→成品

2. 操作要点

打浆处理：采用冷取法，用排渣打浆分离机，选用 0.5~0.8mm 的筛网滤去草莓种子。在打浆破碎的同时，加入一定量的水（10%~15%），以保证果肉与种子的分离。

胶体磨微细化处理：去除种子后的果浆，先经胶体磨处理，将果肉进行初步微细化处理。

调配：按照配比，将白糖加适量水溶解，加热煮沸过滤，制成糖浆。将蛋白糖等甜味剂、酸味剂、稳定剂分别用少量水溶解，制成溶液。配料的顺序是，在过滤的糖浆中依次加入甜味剂、稳定剂、酸味剂，如需要加防腐剂，则应在酸味剂加入前进行。每种原料加入时，应予以搅拌，以便混合均匀。采用浓度 0.1% 的琼脂与 0.2% 的羧甲基纤维素（CMC）作为草莓带肉果汁饮料配方中的稳定剂。

脱气及均质处理：原料中本身含有氧气，同时加工过程中与空气接触，因此需除去饮料中的氧气，以便防止或减轻色素、维生素 C 以及香气成分的氧化降解。一般采用真空脱气，由于带肉果汁黏度较大，脱气困难，因此需在真空度较高的条件下进行，一般为 90.6~93.6kPa。然后进行均质处理，使不同粒度、不同相对密度的果肉颗粒均匀化，以增加带肉果汁的悬浮稳定性。以第一次均质压力 16.4MPa，第二次均质压力 11.8MPa、均质温度 60℃ 为最佳选择。

杀菌、灌装：传统的巴氏杀菌处理，由于热处理时间长，产品不仅色泽变暗、出现沉淀、果香味淡，而且维生素 C 损失严重，杀菌后维生素 C 保存率仅为 18.3%。高温短时杀菌或超高温瞬时杀菌，有利于果汁的稳定及产品香味的保持，杀菌后维生素 C 保存率分别高达 69.6% 和 79.3%，明显高于巴氏杀菌。按照杀菌条件完成杀菌后，采用定量灌装机进行无菌灌装，冷却后即为成品。

六、刺玫果汁

（一）工艺流程

原料→分选→清洗→破碎→萃取→分离→调配→过滤→装瓶→封口→杀菌→冷却→成品

（二）操作要点

1. 原料

要求选取用完全成熟的刺玫果，无病斑、虫眼，除去果柄和萼片。

2. 预处理

用流动清水将果实漂洗干净，送入烘房干燥或者阴干。然后利用辊式破碎机破碎，辊距调至 3~5mm，以不破碎籽为准，并进行筛选及分离。

3. 萃取

将碎果用水浸泡，水温 10~15℃，第一次浸泡果与水的质量比为 1∶5，第二次浸泡为 1∶3，浸泡时间均为 24h，然后分离出汁液，将两次汁合并。

4. 调配、过滤

对萃取的果汁进行糖、酸、色泽等指标调整,然后用脱脂棉过滤机过滤两遍,得到较透明的橙黄色果汁。

5. 装瓶、封口

将果汁加热到75℃装瓶,随后封口。

6. 杀菌、冷却

采用巴氏杀菌,杀菌温度82℃,杀菌时间26min。

第三节　浆果色素的提取

一、天然色素的提取纯化方法

随着现代医学的发展,大多数合成色素被证明有不同程度的毒性而对人体有害,甚至有致癌、致畸作用,因此食用合成色素的使用不断减少,而天然色素以其安全、无毒、营养附加值高等特点日益受到人们的青睐。天然色素的提取和应用是现在和未来发展的主要方向。

（一）提取方法

1. 溶剂提取法

溶剂提取法是目前从动植物中提取色素的一种普遍常用的方法,是根据原料中被提取成分的极性和共存杂质的理化特性的不同,遵循相似相溶原则,使有效成分从原料固体表面或组织内部向溶剂中转移的传质过程。溶剂提取法包括浸渍法、渗漉法、煎煮法和回流提取法,若采用有机溶剂提取法,可用回流提取法。溶剂提取法萃取剂便宜,设备简单,操作步骤简单易行,提取率较高,但用其提取的某些产品的质量较差,纯度较低,有异味或溶剂残留,影响产品的应用范围。

2. 超临界CO_2流体萃取法

超临界流体萃取（SFE）是近二十年发展起来的一种新型的物质分离、精制技术,它是利用介于气体和液体之间的流体进行萃取。该流体具有优异的溶剂性质,黏度低、密度大、流动性、传质、传热和溶解性能均较好。在较高压力下,将溶质溶解于该流体中,然后降低流体溶液的压力或升高温度,使溶解于超临界流体中的溶质因密度下降、溶解度降低而析出。目前,在超临界流体萃取技术中使用最普遍的溶剂二氧化碳是无毒、不燃和化学惰性的物质,价格便宜,且对环境无污染。与传统工艺相比,操作温度低、工艺简单、效率高,提取的产品具有纯度高、溶剂残留少、无毒副作用等优点。超临界CO_2流体萃取技术是一种新型的绿色分离技术,但由于其技术尚不完善、设备复杂且昂贵、运行成本高等问题，这种萃取方法的发展和应用受到了一定的限制。

3. 微波萃取法

微波萃取是在密闭容器中用微波加热样品及有机溶剂，将待测物质组分从样品基体中提取出来的一种方法，它由在密闭容器中酸消解样品和液固萃取有机物两种技术相结合演变而来。其原理是利用微波能的吸收差异使萃取体系中某些组分被选择性加热，萃取物从体系中被分离出来，并进入介电常数较小、微波吸收能力相对较差的萃取剂中。微波萃取具有升温快、易控制、加热均匀、节能等优点，可强化浸取过程，缩短周期、降低能耗、减少废物、提高产率和提取物纯度，操作费用低、利于环保，有良好发展前景。目前，微波技术用于提取色素的报道不断出现，且范围涉及生物碱、黄酮、单宁类等物质。微波萃取天然色素技术在实验工作中虽然已经取得一定重要成果，但由于受它特性的限制，应用范围受到了一定的影响。如果利用微波的促进传质作用，来克服传统浸提中存在的传质障碍，则可大大提高生产效率。

4. 超声波提取

超声波是一种弹性波，它能产生并传递强大的能量，大能量的超声波作用于液体后，在振动处于稀疏状态时，超声波在植物组织细胞里比电磁波穿透更深，停留时间也更长，使液体被击成很多的小空穴后，发生瞬间闭合，产生高达3000MPa的瞬间压力，即产生空化作用，导致植物细胞破裂。此外，超声波还具有机械振动、乳化扩散、击碎等多级效应，可使植物中有效成分转移、扩散及提取。因此，用超声波提取色素，操作简便、快速、无须加热、提取效率高、速度快、效果好，且色素结构不被破坏。

5. 酶法提取

植物色素往往被包裹在细胞壁内，而大部分植物的细胞壁由纤维素构成。用纤维素酶可以破坏β-D-葡萄糖苷键，使植物细胞壁被破坏，有利于成分提取。根据此原理，在提取植物成分前先用纤维素酶酶解，使植物细胞壁被破坏后再进行提取，可提高活性成分的提取率。

6. 空气爆破法

此方法是利用植物组织中的空气受压缩后突然减压时释放出的强大压力冲破植物细胞壁撕裂植物组织，使植物结构疏松，利于溶剂渗入植物内部，并大幅增加接触表面积来提取有效成分的方法。适用于从植物的根、茎、皮、叶等多纤维组织中提取有效成分。目前，此法的研究还不多。

7. 低共熔溶剂法

低共熔溶剂是指由一定摩尔比的氢键受体和氢键供体构成的两组分或多组分的

低共熔混合体系，熔点低于任一组分，常温下为熔融态。低共熔溶剂是一种新型的绿色溶剂体系，有着广阔的应用前景，制备简单快捷、成本低廉、毒性小，与其他的有机溶剂相比更加安全和环保。对酚酸类、黄酮类、多糖类物质等均有良好的提取能力，在食品领域中的应用较为广泛。

（二）纯化方法

1. 膜分离

膜分离是用天然或人工合成的高分子膜，以外界能量或化学位差为推动力对混合物进行分离、分级、提纯和浓缩的方法。在色素分离中，利用色素与杂质分子大小的差异，采用纤维超滤膜和反渗透膜，可阻留各种不溶性大分子如多糖、蛋白质等。也有先通过超滤膜将90%以上的果胶等大分子物质脱除，然后再用反渗透膜浓缩至固形物含量20°Bx以上，常温操作可使膜对色素100%截留。该法工艺简单、效能高。

2. 柱层析

此法利用不同吸附剂或固定相通过柱层析分离提纯色素，如离子交换树脂柱层析纯化葡萄皮色素，可除去糖、有机酸等杂质；聚酰胺柱层析适用于黄酮类、醌类、酚类色素的分离，如红花黄色素、红色素；硅胶柱层析适用于小分子脂溶性色素的分离；活性炭柱层析适用于分离水溶性成分，如苯并吡喃类色素（花青素、花葵素、花翠素等）。大孔吸附树脂对色素的吸附作用较强，对多种天然色素具有良好的吸附和提纯效果，其提纯机理是利用大孔吸附树脂对欲分离物质的吸附和筛选作用达到分离目的。传统工艺制备的大部分天然色素具有较强的吸湿性，而经大孔吸附树脂柱层析处理后，可有效地去除水提或醇提液中的糖类、无机盐、黏液等吸湿成分，增强产品的稳定性。

二、浆果色素的提取

（一）葡萄色素

1. 提取工艺

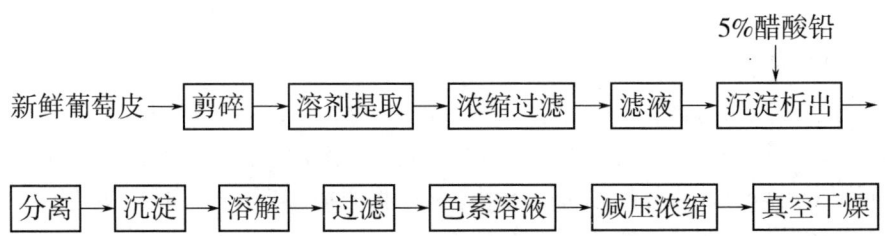

新鲜葡萄皮→剪碎→溶剂提取→浓缩过滤→滤液→沉淀析出（5%醋酸铅）→

分离→沉淀→溶解→过滤→色素溶液→减压浓缩→真空干燥

溶剂提取：采用80%乙醇水溶液作提取剂，以1∶5料液比在80℃温度下回流提取1.5h；或以1.5mol/L的盐酸-95%乙醇（体积比为3∶17）混合液为提取剂，提取时间为100min，提取温度为50℃，物料比为1∶20（g/mL）。

浓缩过滤：溶剂提取后，冷却过滤，得葡萄皮色素粗提液。将色素粗提液真空抽滤，滤液用旋转蒸发仪减压蒸馏至无醇味，加适量蒸馏水稀释，抽滤去除杂质。

沉淀：用2mol/L HCl溶解，过滤去除白色氧化铅沉淀，即得红色的葡萄皮色素溶液。

真空干燥：40℃下真空干燥3~4h，可得纯度较高的半固态浆状色素。

本方法以乙醇水溶液为提取剂，成本低廉，而且提取过程中没有加入任何毒害物质，所以安全性较高。

2. 色素性质

最大吸收波长：葡萄皮色素的最大吸收波长为530nm。

酸度的影响：葡萄皮色素溶液在pH<4时呈紫红色到红色，颜色鲜艳；在pH 4~5之间颜色逐渐变浅，但仍为较浅的粉红色，当pH 5.33时，吸光度值最低；pH>5.33时，溶液颜色由浅粉变为浅黄，随着pH的继续增加，颜色由浅黄色逐渐变为绿色，且吸光度值逐渐增大。可见，葡萄皮色素在酸性及弱酸性条件下较稳定，所以该色素适用于酸性及弱酸性条件。

光照的影响：在光照条件下色素溶液颜色没有明显变化，故光照对色素稳定性的影响不大。

金属离子的影响：在葡萄皮色素溶液中加入Fe^{3+}后，溶液颜色迅速由红色变为浅黄色；随着Fe^{3+}浓度的增大，色素溶液的颜色逐渐加深，且吸光度值也逐渐增大，说明葡萄皮色素对Fe^{3+}非常敏感，因此色素应尽量避免与铁制容器接触。

其他因素的影响：常温下不易变质；蔗糖及维生素C对其稳定性影响较小。

（二）笃斯色素

药理研究表明，笃斯越橘果实的花色苷色素（VMA）的重要功能是活化和促进视紫红质的再合成作用，从而改善人眼视觉的敏锐程度，加快黑暗环境适应能力。利用笃斯花色苷的特性，期望可以开发出对于人的眼睛有保健功能的食品，解除因用眼过度而产生的疲劳，改善人眼机能。

1. 提取工艺

笃斯冻样→ 捣碎 →笃斯浆液→ 加浸提液提取 →提取液→ 抽滤 → 滤液 → 减压浓缩 → 真空冻干

提取剂选取：笃斯色素溶于水、甲醇、乙醇、丙酮中，不溶于乙醚、石油醚，为水溶性色素。甲醇、乙醇的提取效果明显好于丙酮。由于要获得天然色素，而甲醇有毒性，因此选取乙醇溶液为笃斯色素的提取剂。

笃斯花色苷提取的最佳条件：乙醇浓度80%，料液比为1∶10，浸提时间

30min，浸提温度 30℃，pH 2。在此条件下色素的提取率为 92.4%。

2. 色素性质

笃斯色素属于花青素类。其主要化学成分：矢车菊素-3-葡萄糖苷、矢车菊素-3-木糖·葡萄糖苷、飞燕草-3-葡萄糖苷、二甲翠雀素-3,5-二葡萄糖苷、花葵素-3,5-二葡萄糖苷。其结构式见图 3-1。

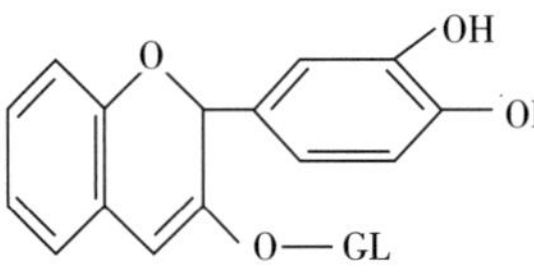

矢车菊素-3-葡萄糖苷 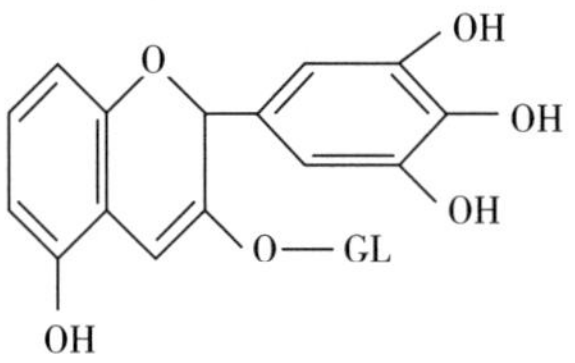　　　　　　　飞燕草-3-葡萄糖苷

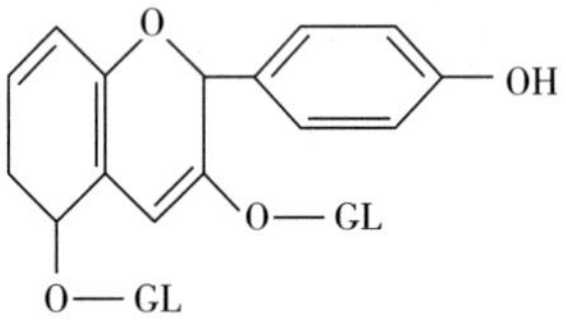

花葵素-3,5-二葡萄糖苷（天竺葵素） 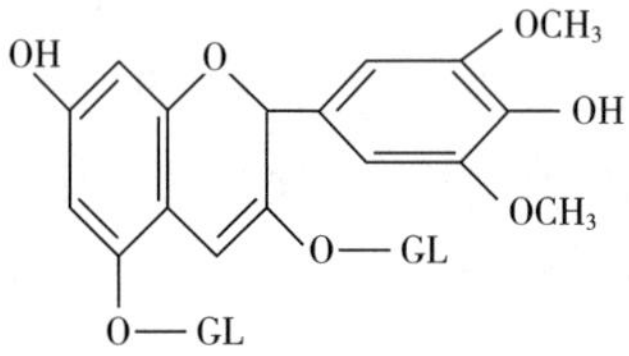　　二甲翠雀素-3,5-二葡萄糖苷（锦葵花色素）

图 3-1　笃斯色素的结构式

注：GL 代表葡萄糖。

可溶性：笃斯色素易溶于水和乙醇，不溶于苯、乙醚、氯仿、丙酮等有机溶剂。

与 pH 的关系：不同 pH 的溶液，颜色不同。酸性溶液中呈红色，碱性溶液中呈绿色。pH 越小，溶液颜色越鲜艳。

光谱特性：把笃斯色素配成 pH 2~6 的水溶液、盐酸—乙醇溶液和 pH 3 的磷酸缓冲液，进行可见吸收光的测定。结果可知，笃斯色素的水溶液吸收光谱在 pH 3 以下时吸光值最大，最大吸收峰在 520nm 左右。在 pH 6 时最大吸收峰向长波方向移动；笃斯色素在盐酸—乙醇溶液中最大吸收峰向长波方向移动。在 pH 3 的磷酸缓冲液中，最大吸收峰向长波移动较小。因此，笃斯色素属于花色素类。

稳定性：笃斯色素在酸性溶液中加热，溶液颜色不变，pH 2~3 时呈鲜艳红色，而在碱性溶液中，加热十几分钟，色素颜色就变成浅黄色。色素在酸性溶液中加热稳定，在碱性中不稳定。将笃斯色素放在酸性溶液中在紫外线下照射一定时间，溶液颜色不变，说明其对紫外线稳定。如果放在日光下照射，则很容易褪色，说明其耐光性较差，需放在暗处或棕色瓶中保存。

（三）草莓色素

草莓的果实颜色鲜艳，色素含量丰富，色泽自然，味香甜。因而，用草莓提取天然红色素是一种切实可行的方法。

1. 提取工艺

方法一：

鲜果→剔除霉变果、除杂→清洗→捣碎→称重→浸提二次→粗滤→减压过滤→滤液→减压浓缩→色素胶质

清洗：将新鲜草莓去叶、水洗干净，再用少量无水乙醇快速洗涤，晾干。

浸提：按料液比1∶7加入到pH<3的提取剂中，提取剂采用1.5mol/L盐酸—95%无水乙醇液。40℃下浸提5h，抽滤得红色溶液，滤渣再按料液比1∶3加入提取剂浸提一次（总料液比为1∶10），将两次粗滤液合并。

减压浓缩：45℃减压（950Pa）浓缩蒸馏，回收乙醇，即得色素浸膏，于40℃下保存。

方法二：

草莓→筛选清洗→粉碎→称重→微波→超声波联合浸提→过滤→减压浓缩→冷冻干燥

粉碎：分别称取一定量鲜草莓，按料液比1∶6加入体积分数为95%的乙醇研磨。

微波：624W功率下微波处理60s，再继续研磨提取。

超声波联合浸提：在超声波输出功率180W，超声时间2s，超声间隙时间2s，工作次数20条件下处理提取。

2. 色素性质

溶解性：草莓红色素水溶性好，在稀酸溶液中更易溶解。

pH对色素的影响：在pH≤3时稳定性强，色素呈鲜艳的红色；pH>9时呈棕绿色，酸化后恢复成透明的红色溶液。在pH≤3时达到溶液最大的吸收峰，随pH的改变色素溶液的最大吸收波长不变，但可见区的最大吸收峰随pH增大而显著减弱，pH≥4之后的溶液吸收曲线则已没有吸收峰。所以适宜于酸性条件下使用。

热的影响：草莓红色素属花青苷类，在pH≤3时，热稳定性较好，100℃以下受热吸光度与颜色变化不大。

光的影响：草莓红色素在pH≤3时，光照使吸光度值改变不大，耐光性能好。

金属离子的影响：草莓红色素对Na^+、K^+、Ca^{2+}、Mg^{2+}、Cu^{2+}等常见离子稳定，

对 Al^{3+}、Fe^{3+} 离子敏感，使用和加工过程中应避免与铁制容器接触。

氧化剂和还原剂的影响：氧化剂和还原剂都能影响红色素的稳定性，但氧化剂对其影响更大，放置时间越长使之降解越多。维生素C、过氧化氢、亚硫酸钠对草莓色素都有严重的破坏作用。

其他影响因素：氯化钠、碳酸钠、蔗糖的存在可以提高红色素的色度。

（四）蓝靛果红色素

1. 提取工艺

方法一：

蓝靛果 → 挑选除杂、流水略冲洗、沥干 → 冰箱冻藏 → 蓝靛果冻样 → 浸提 → 提取液 → 抽滤 → 滤液 → 果胶酶、硅藻土助滤 → 滤液 → 减压浓缩 → 冻干 → 粗制品（色素浸膏）

浸提：浸提剂为60%乙醇+0.01%盐酸溶液，提取时间3h，提取温度30℃。

注意事项：当料液比太大时，会使提取液的浓缩过程负荷大大增加，从而增加制品成本；考虑到实际生产中的工作效率以及经济效益，常温下1∶10的料液比较为合理。

方法二：

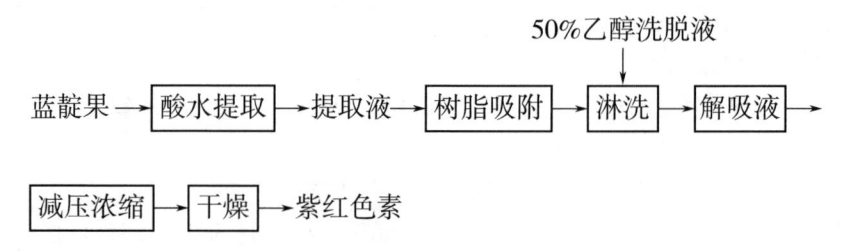

蓝靛果 → 酸水提取 → 提取液 → 树脂吸附 → 淋洗（50%乙醇洗脱液）→ 解吸液 → 减压浓缩 → 干燥 → 紫红色素

树脂吸附：因AB-8树脂对蓝靛果紫红色素具有较高的吸附量，且重复使用20次后吸附性能依然稳定，故采用AB-8树脂。

淋洗：洗脱液采用50%乙醇。经过层析纯化后的产品色素质量好，色价高。

2. 色素性质

吸收光谱：用UV1100紫外—可见分光光度计在400~600nm波长内扫描得到蓝靛果紫红色素的最大吸收峰为520nm。

溶解性：常温下，该色素易溶于水、乙醇、丙酮、酸及碱等极性溶剂，不溶于乙醚等非极性溶剂。

pH对色素颜色的影响：用0.1mol/L的盐酸或0.1mol/L的氢氧化钠溶液调节pH，该色素在酸性（pH≤5）条件下较为稳定，在中性和碱性（pH>6）条件下不稳定，色素颜色发生变化，但无沉淀及其他现象发生，所以该色素适宜于酸性条件下使用。

色素产品的热稳定性：从室温到80℃，加热对色素吸光度无明显影响，只有当温度达80℃以上或长时间加热时才会产生较强的色素降解作用。说明该色素在适当温度下热稳定性较好。

色素产品的光稳定性：将pH为1~7的色素溶液均置于无色透明具塞的玻璃瓶中，存放在室内朝阳处，间隔一定时间测其吸光度，并观察颜色变化。结果色素在1~10d内吸光度基本不变，11~20d吸光度有减少趋势，但溶液颜色仍为红色，表明该色素耐光性能良好。

金属离子对色素的影响：Na^+、K^+、Ca^{2+}、Mg^{2+}、Zn^{2+}离子对色素液有一定的护色作用，但Cu^{2+}、Al^{3+}、Fe^{3+}等离子对色素液具有增色和变色作用。

常用食品添加剂对色素的影响：蔗糖、食盐和苯甲酸钠等对色素的色泽无明显影响。

氧化剂和还原剂对色素的影响：在色素溶液中加入一定量的氧化剂过氧化氢和还原剂亚硫酸钠后颜色稍微变浅，但不太显著，说明该色素具有一定的耐氧化还原能力。

（五）刺玫果色素

1. 提取工艺

原料挑选 → 清洗 → 研磨 → 浸提 → 过滤 → 浓缩 → 冷冻干燥 → 粉末化 → 成品

原料挑选：原料的优劣是产品质量的保证，尤其是在天然色素的生产中，原料色素的含量与生产条件、生长发育阶段及采收、贮藏条件等密切相关。可采用十月采收的野果，以果实鲜红、无虫蛀、成熟度良好的作为原材料。

清洗：除去种子及种毛、残存的萼片，将其洗净、沥水、切碎，分成若干等份。

浸提：所采用的料液比为1∶5，温度为28℃，可用丙酮作提取剂，但考虑到食品安全，因此，一般采用乙醇浸提24h。

2. 色素性质

吸收光谱：该色素在可见光区的最大吸收峰为360nm。

溶解性：刺玫果皮色素易溶于水、甲醇、乙醇、丙酮等极性较强溶剂，而不溶于石油醚等非极性溶剂。各溶剂的提取效果依次为：丙酮>乙醇>水>甲醇>石油醚。其中，丙酮为理想的提取溶剂。

酸碱稳定性：酸性越强，颜色越深。当pH<7时，颜色由橙黄→黄，但是吸光度变化不大，说明该色素稳定性良好。当pH>8时，吸光度变化明显，色素性能不稳定。另外，酸性条件下该色素溶解性高，提取率高。

光稳定性：直射光下，色素提取液的吸光度值缓缓下降，说明直射光对该色素稳定性稍有影响；而在散射光下，色素提取液静置数天后吸光度也无明显变化，说明在散射光下，该色素可长时间保持稳定。

热稳定性：该色素在不同温度条件下稳定性良好。在4℃、28℃时，吸光度无明显变化，当温度达到90℃时，随时间的延长，吸光度值稍有下降。

食品添加剂对色素稳定性的影响：该色素稳定性不受食盐、蔗糖这两种常用的食品添加剂的影响。

第四节 浆果加工中副产物的综合利用

据统计，仅就葡萄而言，中国年产量约140万t，而且还在逐年增加。其中约80%用于酿酒，7%用于加工果汁及其他葡萄产品，13%用作食用。浆果酿酒或进行果汁加工的副产物主要是浆果皮与浆果籽，两者约占鲜果的20%，绝大多数企业一般是将皮籽丢弃或发酵后用作肥料，这种处理方法不仅造成了环境污染，对资源也是一种浪费。因此，对浆果加工副产物的综合利用研究，具有十分重要的意义。它既可避免环境污染，又可提高经济效益，变废为宝。

对于浆果皮渣，其中主要含有大量的可食用天然色素、果胶等；而浆果籽粒中，更是含有丰富的油脂，如草莓籽粒含油率17.75%，主要由不饱和脂肪酸组成（94.52%），其中油酸13.29%，亚油酸39.92%，亚麻酸39.50%，棕榈酸4.56%，硬脂酸1.29%，肉豆蔻酸0.04%，棕榈烯酸0.24%，二十碳烯酸0.28%，二十碳酸0.88%。它是目前所发现的唯一的亚油酸亚麻酸含量非常接近的天然植物油，所以草莓籽油有一定的开发利用价值。而提取籽油后的废渣，又是一种新的丰富的蛋白质资源。目前，我国对林下浆果加工中副产物的利用，研究较多的就是葡萄废渣，其他浆果种类由于加工利用相对较少，以至对加工后的废渣的深加工利用几乎是空白。因此，本节将主要以山葡萄为例对浆果加工中的副产物利用进行详细说明。

一、山葡萄

（一）葡萄籽的开发利用

1. 葡萄籽油

山葡萄籽中油脂含量较丰富，为13%~15%，纯的葡萄籽油颜色为淡黄绿色，经同济医科大学的动物试验证明无毒无害，完全符合食用卫生标准，是迄今所见保健油中较好的一种。葡萄籽油的主要成分是亚油酸，含80%以上。该油对防止动脉硬化，降低人体血清胆固醇，降低血脂、血压，软化血管等均有作用，是合成人体前列腺素的原料。而且葡萄籽油中还含有镁、钙、钾、钠、铜、铁、锌、锰、钴等矿物质元素和维生素 A、维生素 D、维生素 E、维生素 K 等，其中维生素 E 的含量高达 360.2μg/g。因此，从油的成分及其含量来看，它既可作航空驾驶员、高空作业人员的优质食用油，又可作老年人、婴幼儿的保健油。对其进行二次加工，可作色拉油、人造奶油、调和油等。

提取方法一：

关于葡萄籽油的生产工艺，国内外已有大量报道，我国普遍采用压榨或溶剂浸提法。

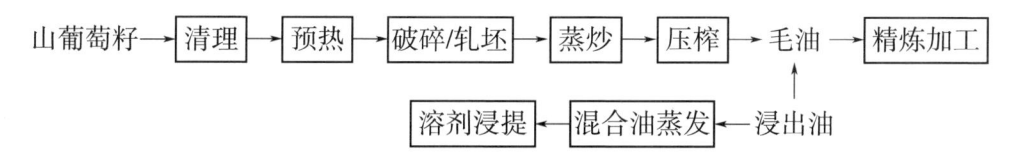

山葡萄籽 → 清理 → 预热 → 破碎/轧坯 → 蒸炒 → 压榨 → 毛油 → 精炼加工

溶剂浸提 ← 混合油蒸发 ← 浸出油

清理：在提油前首先除去原料中的植物碎屑、杂草种子及其他杂质。种子清理过程包括三个阶段，即风选、筛选及二次筛选。杂质在原料中的残留量一般要求低于 2.5%。

预热：预热可使油脂原料变得柔软，使油脂易于释放。预热设备可采用热空气或蒸汽直接加热的流化床，还可使用蒸汽盘加热的回转窑。

破碎/轧坯：通过轧坯来破坏油脂植物的细胞壁，使油脂从植物中分离出来。用光棍轧坯机对预热后的籽粒进行轧坯。一般采用两段轧坯：第一段轧坯厚度为 0.4~0.7mm，第二段轧坯厚度为 0.2~0.3mm。

蒸炒：蒸炒温度通常控制在 75~100℃。通过蒸炒可以使小油滴凝聚成大油滴，使其易于分离；同时将蛋白质变性，使油脂更容易被提取。另外，蒸炒对酶活力也有一定的影响，如与芥子苷水解有关的黑芥子酶，能生成含硫化合物；与磷脂水解有关的磷脂酶，能形成非水化性磷脂。蒸炒不但可以提高提取率，更重要的是能获得高质量的油脂。

压榨：将油籽加热软化、轧坯或整籽输送到连续螺旋预榨机或榨油机。榨油机是由圆柱形榨膛内的转动螺旋轴构成的。油脂从内部条排空隙中流出，而固体物料留在其内，最后压榨饼通过机械破碎成大小均一的颗粒，以供溶剂浸出。

溶剂浸提：开始用高浓度的混合油，然后用浓度逐渐递减的混合油浸出，最后用己烷进行溶剂萃取。萃取时间约为 30min。

精炼加工：油脂从油料取得之后含有不同数量的非甘油三酯物质，必须进行一系列的处理将这些物质除去，以提高油脂的品质，这个过程称为精炼。油脂精炼包括脱胶、脱蜡、脱酸、脱色、氢化、脱臭、脱脂和分提等过程。

（1）脱胶：油脂中含有大量的胶质，通常采用膜过滤、水化、酸化和酶法进行脱胶处理。近年来，又研究出了很多新工艺方法，如硫酸脱胶法、超临界萃取法、硅法脱胶等新技术。

(2) 脱蜡：蜡是多碳长链醇与脂肪酸的结合物，其熔点较高，能在较低的温度下从油中析出。如果油脂中含蜡较多，不利于后续工序，因此油脂脱胶后需进行脱蜡处理。目前常用的方法有常规法、溶剂法、表面活性剂法、凝聚剂法等。

(3) 脱酸：脱酸就是要除去油脂中的游离脂肪酸，应用最为广泛的是碱炼法和水蒸气蒸馏法（物理精炼）。碱炼法总是采用烧碱、纯碱或氨等碱性物质来中和游离脂肪酸，生成不溶于油脂或难溶于油脂的金属皂。

(4) 脱色：植物油脂中含有多种色素，如类胡萝卜素、叶绿素等。脱除这些色素可以改善油脂色泽，提高油脂质量。常用方法有液液萃取、吸附、加热、氧化、还原、氢化、离子交换等，其中以吸附脱色法在工业上应用最为广泛。

(5) 氢化：油脂的氢化是指在催化剂存在的条件下，将氢加到不饱和甘油三酯的双键上，同时脂肪酸中的双键发生位移及几何异构化的过程。氢化后的油必须去除催化剂，可以采用加白土的方法，便于过滤去除。经过氢化后的油脂带有一种特殊的气味，可在以后的脱臭过程中加以除去。

(6) 脱臭：油脂脱臭就是去除影响油脂风味的成分（包括类植物、烃类、醛、酮、低分子脂肪酸以及油脂加工过程中产生的工艺异味等），使油脂具有较高品质及稳定性的精炼过程。采用高真空条件，通过水蒸气与含臭味组分的高温油脂紧密接触，使水蒸气被臭味组分所饱和，并按其分压比率逸出，从而达到脱臭的目的。

(7) 脱脂：为了使食用油的油脂能在较低的温度下保持透明澄清，不仅要进行脱蜡，还要进行脱脂。脂就是指油脂中凝固点较高的甘油三酯。脂的凝固点与蜡相比略低，因此脱蜡和脱脂不能合并为一次进行。

(8) 分提：天然油脂、氢化油脂或酯交换油脂中不同类的脂肪酸甘油三酯的饱和程度不同，而表现出来熔点差异；在不同温度条件下，互溶度不同；或一定温度条件下，在某种溶剂中溶解度的不同；利用这一原理采取相应的技术进行分级的过程称为分提。油脂分提方法主要有干法分提、表面活性剂分提和溶剂分提三种。

提取方法二：

由于溶剂浸提法存在溶剂残留等诸多缺陷，而超临界二氧化碳的特殊性质决定了其在提油、萃取天然成分的非极性物质方面有独特的优越性（速度快、产率高、油脂色泽浅、脱酸、脱色、脱蜡、脱臭等在萃取器内一次完成），因此，它已被开始应用于山葡萄籽油的萃取。

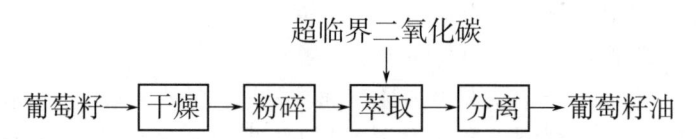

葡萄籽 → 干燥 → 粉碎 → 萃取 ← 超临界二氧化碳 → 分离 → 葡萄籽油

萃取：粉碎后的葡萄籽进入萃取釜，二氧化碳由高压泵加压，经过换热器加温，成为既有气体的扩散性又有液体密度的超临界流体，该流体通过萃取釜浸出葡萄籽油。萃取条件为：温度为40℃，萃取压力33MPa，萃取时间为60min。

分离：萃取液进入分离柱，经减压、升温后葡萄籽油与二氧化碳分离，从而得到葡萄籽油。

采用此工艺，油脂提取率可达到98.56%。

2. 蛋白质

葡萄籽粉碎除油后，饼粕中含有13%~16%的蛋白质，这种蛋白质中含18种氨基酸，人体必需的8种氨基酸俱全，其中缬氨酸、精氨酸、蛋氨酸和苯丙氨酸含量都相当于大豆蛋白的含量。该蛋白质对延迟人体衰老、降低肿瘤发病率均有益处。因此，葡萄籽蛋白质是一种新的优质蛋白质资源，如制成复合蛋白用于强化食品、滋补剂、保健药物等，前景可观。其提取工艺如下：

粉碎：将葡萄籽进行粉碎（60目）。

粗提：将除油后的葡萄籽粉室温风干，加入氯化钠水溶液，充分搅拌，离心分离。

酸沉：利用等电点原理，向粗蛋白质溶液中加酸，调pH，使溶液中有白色的小颗粒析出。

洗涤：用乙醇和乙醚各洗一次，再离心。

3. 单宁

提取葡萄籽油后的葡萄籽残渣，还含有质量分数为10%的单宁（tannin）。单宁是不同聚合度的黄烷-3-醇聚合物的混合物。它除供药用外，也是皮革工业很好的鞣料及制造墨水、日用化工和印染工业的原料。其提取工艺如下：

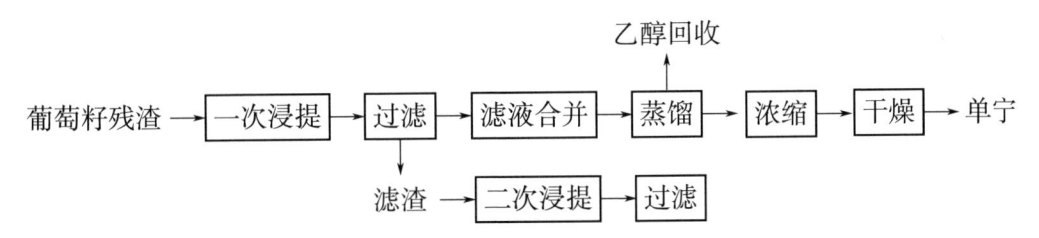

葡萄籽残渣 → 一次浸提 → 过滤 → 滤液合并 → 蒸馏（乙醇回收）→ 浓缩 → 干燥 → 单宁

滤渣 → 二次浸提 → 过滤

浸提：将葡萄籽残渣用体积分数50%的乙醇为溶剂，在常温常压下浸提2次，每次5~7d（酒精的用量为1:1），过滤除去的滤渣可作饲料。

浓缩：采用真空浓缩或直接加热浓缩，干燥后即为单宁。

注意事项：提取过程要注意隔氧操作，以避免单宁氧化成棕色。

4. 低聚原花青素

提取葡萄籽油后的葡萄籽残渣，还含有低聚原花青素（OPC），它是一种多酚类化合物，具有较强抗氧化、清除自由基、抗肿瘤、改善皮肤及延缓运动性疲劳的发生和加速疲劳的消除等多种活性功能，并以高效、低毒和高生物利用率而闻名。据报道，在体内其抗氧化能力是维生素 E 的 50 倍，维生素 C 的 20 倍。近年来，它已在北美保健食品业和化妆品业得到了广泛应用。目前，可采用水、乙醇等溶剂提取原花色素。其提取工艺如下：

葡萄籽→浸提→固液分离→一次浓缩→纯化→二次浓缩→粉末化浓缩液

浸提：提取温度 60℃，采用体积分数为 85% 的乙醇作为提取溶剂，提取时间 3h，固液比为 1:3。

纯化：采用大孔吸附树脂层析柱，先用水洗，丢弃水洗物，再用 30% 乙醇洗脱，减压浓缩后再用聚酰胺层析柱，用 30% 乙醇洗脱。

粉末化浓缩液：粉末化浓缩液中原花色素的体积浓度达到 4%~5% 时，即可将浓缩液制成液体产品，作为果汁饮料等的抗氧化剂，也可以将浓缩液采取简单的再浓缩和干燥方法制取粉末状干燥产品。

（二）葡萄皮渣的开发利用

1. 食用天然色素

我国有十分丰富的葡萄资源，利用酿酒、饮料等废弃的葡萄皮渣提取葡萄皮紫（红）色素，不仅有丰富的资源，而且生产成本低，又解决了环境污染问题，具有很高的经济价值和社会效益。葡萄皮提取物以花色苷或双糖苷形式存在，称为仙客来苷（enolianina），易溶于水、甲醇、乙醇等溶液，酸性条件下稳定。因此，一般采用盐酸乙醇溶液提取，其提取过程是将葡萄废渣（约占果 25%）以适当浓度的乙醇（用盐酸调 pH）在室温下提取，然后过滤纯化，真空薄膜浓缩至适当浓度，即得浸膏，喷雾干燥可得粉剂。此方法得率对皮渣而言为 27% 左右。此外，对于含色素较高的红葡萄酒糟，可以用 70℃ 的热水加以浸提，然后将浸提液经冷却器进入沉淀槽分离杂质，再通过树脂柱，使色素被适当的树脂吸附，当树脂吸附饱和后，用适当浓度的乙醇溶液将色素洗脱下来，树脂再生，把溶有色素的乙醇溶液进行减压蒸馏，最后的色素溶液经喷粉干燥器制得色素粉；也可以把色素溶液进一步浓缩到含 200~250g/L 干物质的浓溶液，进而冷却到 2~5℃ 贮存，虽然贮存不如色素粉方便，但使用很简便，也可以减少设备投资。所得的葡萄红色素有一定的耐光性，短时间能耐较高温度，且色泽鲜艳自然，无毒无害，是一种比较理想的天然色素，可广泛应用于酸性食品和饮料，但遇铁会使结构发生变化，产生沉淀，因此生产和应用葡萄红色素时，应避免与铁制品接触。

2. 果胶

果胶是一种天然的高分子化合物，作为食品添加剂在食品工业中有广泛的用途。在医学上果胶可用作金属中毒的解毒剂、轻泻剂、止血剂等，还具有抗癌、治疗糖尿病、减肥和治疗便秘等功效。果胶在国内外市场上的销量很好，但国内市场上销售的果胶大部分为进口货。目前，已有以向日葵盘、苹果皮、西瓜皮、香蕉皮、芒果皮、马铃薯渣、雪梨皮为原料提取果胶的研究报道。从浆果饮料加工中的大量下脚料——浆果皮渣来提取果胶，不仅能够充分利用资源，减少环境污染，而且能够变废为宝、降低生产成本。其提取工艺如下：

原料→预处理→酸液水解→过滤→回调 pH→浓缩→冷却→醇沉→静置沉淀→抽滤或离心→粗果胶→洗涤→干燥、粉碎、标准化处理→成品

预处理：称取一定量的新鲜浆果皮，用清水漂洗数次，然后将其切碎，加入清水（10 倍量）浸泡，在 80℃下保温 30min。

酸液水解：调 pH 至 1~2，温度控制在 80~90℃之间，保温 60~120min，使果胶转化为可溶性果胶。

回调 pH：将得到的滤液用氨水或氢氧化钠调整 pH 至 3~4，将其浓缩后冷却至室温。

醇沉：加入 1 倍体积的无水乙醇，搅拌均匀。此时果胶以絮状沉淀析出。

静置沉淀：静置 4h，抽滤（若过滤困难，可用离心机离心分离），回收乙醇。

洗涤：分离出的粗果胶，再用 95%乙醇洗涤 2~3 次。

干燥：在适当温度下干燥固体物至含水量小于 12%，得胶状的浅黄褐色物品，即为果胶。

3. 酒石酸

酒石酸是一种多羟基有机酸。由葡萄皮渣提取的酒石酸为 D-酒石酸，是一种无色透明的白色结晶细粉，无嗅，有酸味。它主要应用在制备医药、媒染剂、鞣剂等精细化学品中，也有一部分用作食品添加剂（酸味剂、膨化剂）。通常用化学方法合成的酒石酸均属于外消旋型，而利用富含酒石酸氢钾的葡萄皮渣为原料所提取的酒石酸，不仅生产成本低，而且得到的产品全部为右旋型。所以用葡萄皮渣提取酒石酸能大大满足市场的需求，具有显著的经济效益。其提取工艺如下：

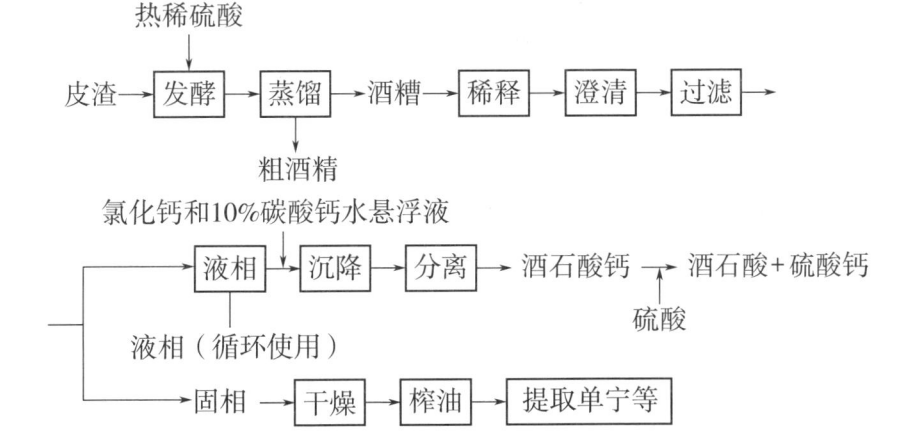

皮渣→发酵（热稀硫酸）→蒸馏→酒糟→稀释→澄清→过滤
→粗酒精

（氯化钙和10%碳酸钙水悬浮液）→液相→沉降→分离→酒石酸钙→（硫酸）→酒石酸+硫酸钙
液相（循环使用）
→固相→干燥→榨油→提取单宁等

二、刺梨

药理药效研究表明，刺梨黄酮成分具有降血压、减少毛细血管脆性的作用，还具有中等强度的抗HIV活性。目前对刺梨的开发利用主要集中于果实的维生素及黄酮成分的研究，而对其加工副产品叶片中有效成分的研究报道较少。据报道，刺梨叶片平均总黄酮苷含量是果实含量的3倍左右，山奈酚在苷元成分中占有较高比例，而刺梨多糖（PRRT）具有提高机体免疫功能的作用。因此，开发刺梨叶片中的总黄酮和水溶性多糖具有较高的潜力。

可采用水提法同时提取刺梨叶片中的总黄酮和水溶性多糖，再通过大孔树脂或活性炭实现二者的初步分离。其提取工艺如下：

（一）方法一

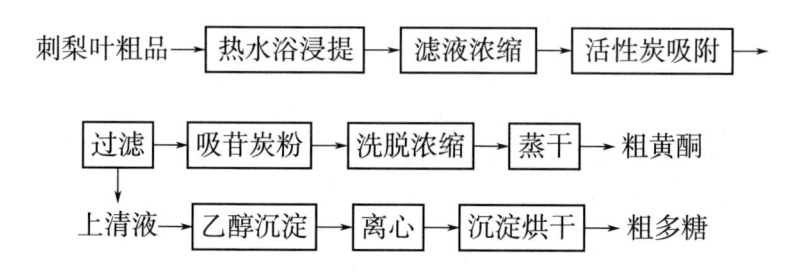

刺梨叶粗品 → 热水浴浸提 → 滤液浓缩 → 活性炭吸附 →

过滤 → 吸苷炭粉 → 洗脱浓缩 → 蒸干 → 粗黄酮

↓ 上清液 → 乙醇沉淀 → 离心 → 沉淀烘干 → 粗多糖

1. 热水浴浸提

在热水浴浸提过程中，随着固液比增大，总黄酮和水溶性多糖的提取率逐渐增加；而时间对黄酮和水溶性多糖提取率的影响不大，由于黄酮和水溶性多糖大部分都有较强的极性，易溶于水，因此时间过长，易造成其分解；此外，温度越高，总黄酮和水溶性多糖提取率也越高；因黄酮一般为酸性，可与碱反应生成盐，而对于多糖而言，部分为酸性，也可与碱反应生成盐。因此，随着pH的增大，总黄酮和水溶性多糖提取率增加。最终从优化工艺的角度考虑，最佳工艺参数为：固液比1:30，温度90℃，pH 10，提取时间4h，且提取一次。

2. 活性炭吸附

把提取液浓缩到一定体积后，加入适量的炭粉，搅拌并静置，直至定性检查上清液无黄酮反应时为止。过滤后收集吸附有黄酮的炭粉和过滤液。

3. 洗脱浓缩

依次用沸甲醇、沸水和10%邻苯二酚—甲醇溶液对活性炭进行洗脱，合并洗脱液并浓缩。

4. 沉淀烘干

离心后的沉淀放入60℃烘箱中烘至恒重，即得粗多糖的固体粉末。

(二) 方法二

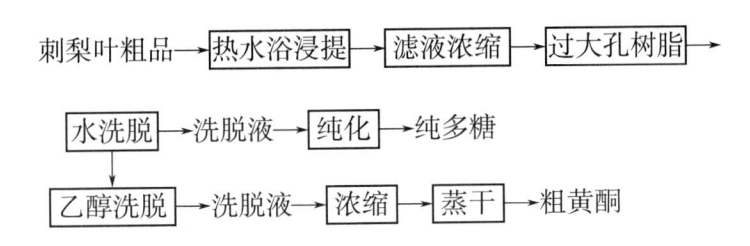

刺梨叶粗品 → 热水浴浸提 → 滤液浓缩 → 过大孔树脂 →

水洗脱 → 洗脱液 → 纯化 → 纯多糖

乙醇洗脱 → 洗脱液 → 浓缩 → 蒸干 → 粗黄酮

1. 过大孔树脂

采用 D4006 大孔吸附树脂法。把提取液浓缩到一定体积后,加入大孔树脂层析柱当中,用水洗脱直至无色,收集多糖流出液。

2. 纯化

将水洗脱后流出的粗多糖,经多次的乙醇沉淀并离心,收集沉淀放入60℃烘箱中烘至恒重,即得粗多糖的固体粉末。再将多糖粉末通过乙醇分级沉淀、DEAE-纤维素柱和凝胶柱层析纯化,即得纯多糖。

3. 乙醇洗脱

将水洗脱掉多糖的树脂再用浓度为40%的乙醇进行洗脱,合并洗脱液。

从以上两种提取方法可以看出,提取液通过大孔树脂分离的水溶性多糖和总黄酮纯度分别为18.27%和36.27%,而通过活性炭分离的水溶性多糖和总黄酮纯度分别为21.37%和53.26%。虽然用活性炭吸附法分离黄酮和多糖能达到较高的纯度,但活性炭吸附法分离工艺繁琐,生产成本高,所以从优化工艺的角度讲,应选用大孔树脂法。此工艺成本低、功效快,适合小规模生产。

此外,刺梨的花是优良蜜源,叶能泡茶解热,植株具有较强的抗污染能力,根皮及茎富含单宁,可提取胶质。因此,大力开发利用刺梨的前景非常广阔。

第四章 常见林下食用坚果加工技术

在中国，林下坚果在统计资料中分属于林副产品，被称为土特产品或山货，它是植物林下坚果的精华部分，大多数成熟的坚果香味四溢，甘甜清脆，余味无穷，而且它们一般都营养丰富，含较高的蛋白质、油脂、矿物质、维生素，对人体生长发育、增强体质、预防疾病有极好的功效（世界卫生组织在第113届会议上，专门将这类食品归为最佳健脑食品），是药食两用的果中珍品，如被称为坚果之王的榛子、长寿之果的核桃、肾之果的板栗，还有油之果的松子等。林下坚果的产出，在其果树数量一定的情况下，与其品种、气候、果树大小、年龄以及管理、采收密不可分，为更有效地开发利用其化学和药用价值，使之商品化、产业化，急需普及科学加工技术，更充分利用我国丰富的林下食用坚果资源。

第一节 核 桃

山核桃（*Carya cathayensis*）又名胡桃揪、野核桃、麻核桃、泰皮，是胡桃科胡桃属植物中的一种。山核桃也是我国重要的经济林树种，主产于安徽、浙江的天目山一带，以及大别山区的安徽金寨县。此外，湖南、贵州、广西、东北也有分布，其中胡桃（核桃）是一种经济价值很高的木本油料果树。核桃是我国的传统果树，在我国农村区域经济中占有重要地位。核桃一词始见于《本草纲目》。核桃（*Juglans regial*）又名胡桃、羌桃，是胡桃科核桃属植物（图4-1），是西汉时由张骞自西域带回，后自北由南传遍全国。我国是世界上生产核桃最多的国家之一，出口的核桃居国际核桃市场首位。核桃的深加工潜力巨大，有待开发。核桃除用于人们熟悉的食品工业外，还可以用于医药、化工、工艺美术等领域。

山核桃是世界四大干果之一，不仅营养价值高，而且还是一种食、疗同源的滋补品，有长寿果及脑力劳动者最佳食品的美称。

一、核桃的化学成分与功能特性

核桃营养极其丰富（山核桃仁与普通核桃仁主要营养成分的比较见表4-2），果仁中含有17%~27%的蛋白质，10%的碳水化合物，还含有维生素A、B族维生素、维生素C、维生素E、维生素K、胡萝卜素、核黄素、硫胺素、烟酸和钙、磷、

核桃青果　　　　　　　　　　　　脱除青皮核桃

图 4-1　核桃

铁、锌、钾、铜、钴、硒、碘等多种营养成分（表 4-1），其中维生素 E 是生命有机体的一种重要的自由基清除剂，具有提高机体的免疫能力、保持血红细胞的完整性、调节体内化合物的合成、促进细胞呼吸、保护肺组织免遭空气污染等作用。特别是脂肪含量高达 60%~70%，居所有木本油料之首，被誉为"树上的油库"。核桃油含不饱和脂肪酸（P），如亚油酸、亚麻酸和十八种烯酸。棕榈酸和硬脂酸为饱和脂肪酸，其含量一般小于脂肪酸总量的 10%；油酸为单不饱和脂肪酸，亚油酸和亚麻酸为多不饱和脂肪酸，其含量一般占总量的 90% 以上（表 4-3）。核桃油中 P/S 值高达 12（S 为饱和脂肪酸），对降低血中胆固醇和预防动脉硬化有很好的作用。另外，核桃是一种营养价值和经济价值都很珍贵的果木。核桃仁中除含有人体必需的氨基酸外，还含有黄酮类及其苷如槲皮素（quercetin）、山柰醇（kaempferol）、7-甲基二氢山柰醇（sakuranetin，$C_{16}H_{14}O_5$）、金丝桃苷（hyperoside，$C_{21}H_{20}O_{12}$）、篇蓄苷（aricularin，$C_{20}H_{18}O_{11}$）及胡桃苷（juglanin，$C_{20}H_{18}O_{10}$）等物质，未成熟的果实中含维生素 C。黄酮类化合物具有扩张冠状血管、降低高血压、增强心脏收缩、抑制肿瘤细胞和保肝等多种功效。

表 4-1　核桃仁的其他营养成分　　　　　　　　　　　　　　单位：mg/g

种类	含量	种类	含量
胡萝卜素	0.17	维生素 B_6	0.04
维生素 E	0.88	钙	108
维生素 B_1	0.32	磷	329
维生素 B_2	0.11	钾	536
烟酸	1.00	铁	3.20

表 4-2　山核桃仁与普通核桃仁主要营养成分的比较　　　　单位：g/100g

品种	蛋白质	脂肪	碳水化合物	灰分	粗纤维
山核桃	23.40	62.00	4.10	2.20	4.50
普通核桃	15.60	55.00	17.20	2.50	6.60

表 4-3　山核桃中脂肪酸含量　　　　单位：%

品种名称	硬脂酸	棕榈酸	油酸	亚油酸	亚麻酸	花生四烯酸	不饱和脂肪酸
普通核桃	1.87	4.95	72.09	17.62	2.54	0.37	92.62

据《本草纲目》记载，核桃种仁可治肾虚耳鸣、咳嗽气喘、阳痿遗精、尿频等症。其所含较多的维生素 E 具有抗衰老的作用；现代医学分析，山核桃仁中的磷类物质对脑神经有保健作用；其种仁含脂肪极高（以不饱和脂肪酸为主构成的脂肪）。常吃山核桃仁具有降血脂、抗动脉硬化、抗肿瘤等功效。

核桃蛋白质是一种优质蛋白质，含有 18 种氨基酸，除含有 8 种人体必需的氨基酸外，精氨酸和谷氨酸的含量都相当高（表 4-4）。每 100g 核桃仁中含赖氨酸 0.548g，含精氨酸 1.524mg，二者比值为 0.36。与之相比，大豆中赖氨酸和精氨酸比值为 0.58，牛奶中赖氨酸和精氨酸比值为 2.44。许多研究表明：较高的精氨酸摄入量和较低的赖氨酸与精氨酸比值均可以降低患动脉粥样硬化的危险。

表 4-4　核桃仁蛋白氨基酸含量　　　　单位：g/100g

氨基酸名称	含量	氨基酸名称	含量
天冬氨酸	1.659	亮氨酸	1.761
苏氨酸	0.610	酪氨酸	0.633
丝氨酸	0.729	苯丙氨酸	1.182
谷氨酸	3.239	赖氨酸	0.548
脯氨酸	0.945	组氨酸	0.447
甘氨酸	0.698	精氨酸	1.524
丙氨酸	0.864	色氨酸	0.152
胱氨酸	0.198	亮氨酸总量	17.100
缬氨酸	0.857	必需氨基酸	6.143
蛋氨酸	0.313	必需氨基酸比例/%	35.92
异亮氨酸	0.720	—	—

二、核桃的采收与贮藏

(一) 采收时间

为了保证核桃的产量和品质，应在充分成熟时采收。提早采收，会降低坚果的产量和品质，种仁不饱满，出仁率低，出油率低，且要费时费力地处理大量青果，不但影响商品价值，而且不利于坚果的加工与贮藏；采收过晚，则果实易脱落，而且若青果皮开裂后挂在树上的时间过长，易遭受霉菌侵害。

核桃坚果的成熟期，依品种类型和气候条件的不同而有所差异。

早熟丰产类核桃，在 8 月中、下旬即可成熟。而晚熟类核桃要到 9 月下旬，成熟期相差 30~40d。

核桃适宜的采收期是外果皮已有 2/3 以上开裂（一般在青果皮顶部出现裂缝），并由绿色变成黄色或黄绿色为最好。此时容易剥离，核壳坚硬，呈黄白色；壳内种仁饱满，幼胚成熟，子叶变硬，风味浓香，品质最佳，采收起来也省时省力。

(二) 采收方法

核桃的采收方法有人工采收和机械采收两种方法。前者是我国目前普遍采用的方法，其中又包括打落法和拣拾法。

1. 人工采收法

打落法：打落法的特点是在果实大部分成熟时，用竹竿或带弹性的长木杆敲击核桃所在的枝条或直接击落果实，注意采收时应该从上至下，从内向外顺枝击打，以免损伤枝芽而影响第二年产量。

拣拾法：在数量不多时，可等青果外皮开裂，坚果自然脱落后，不时在树下拣取，即为拣拾法。果实数量较多时，采用此法易遭鼠害。

2. 机械采收法

机械化采收的机具包括振动落果机、清扫集条机和捡拾清选机，其作业程序是先用振动落果机使核桃振落到地面，再由清扫集条机将地面的核桃集中成条，最后由捡拾清选机捡拾并简单清选后装箱。由于同一株核桃树上的果实成熟期不完全一致，因此，采用机械化采收时，必须在采收前的 10~20d 内，对树体喷洒（5×10^{-4}）~（2×10^{-4}）mol/L 的乙烯进行催熟，以使其成熟程度一致。用机械采收的核桃青皮容易剥离，果面污染轻，但缺点是使大量的叶片较早地脱落而削弱了树势。

(三) 脱除青皮

据测定，刚采收后的核桃青皮含水量为 40%，果仁的含水量为 20%~25%。如此高的水分含量很容易使核桃采收后腐烂变质，因此，核桃采收后首先应该及时地进行脱除青皮处理。一般的脱除核桃青皮的方法有堆沤脱皮法、药剂脱皮法及机械脱皮法等。

1. 堆沤脱皮法

核桃采收后要及时运到室外阴凉处或室内并且按 50cm 左右的厚度堆成堆，堆积过厚容易腐烂，切忌在阳光下曝晒。若在果堆上加一层 10cm 厚的干草或干树叶，则可提高堆内的温度，促进坚果后熟，加快脱皮速度。一般堆沤 3~5d，当青果皮离壳或开裂达 50%以上时，即可用木棍敲击脱皮。对未脱皮的核桃青果可再堆沤数日，直到全部脱皮为止。堆沤时，避免日晒，并要上下翻动，切勿使青果皮变黑，甚至腐烂，以免污液渗入果壳内污染果仁，使果仁发霉，从而降低核桃坚果的品质与商品价值。

2. 药剂脱皮法

核桃采收后，拣出光核，在 (3×10^{-3}) ~ (5×10^{-3}) mol/L 的乙烯利溶液中浸渍 0.5min，再按 50cm 的厚度堆放于阴凉处或室内，在温度为 30℃、相对湿度为 80%~95%的条件下，经过 5d，离皮率可高达 95%以上。若果堆上加盖一层厚 10cm 的干草，2d 即可脱皮。据测定，这种脱皮法的一级果率比堆沤法高 52%，果仁变质率下降到 1.3%，且果面洁净美观。乙烯利催熟时间的长短与用药液的质量分数和果实成熟度有关，果实成熟度高，则用药液的质量分数低，催熟时间短。

3. 机械脱皮法

依据揉搓原理，将带青皮的核桃放在转动磨盘与硬钢丝刷之间进行磨损与揉搓，使核桃青皮与坚果分离。若核桃青皮水分含量少，果仁皱缩，加之揉搓力大，则很容易在脱青皮时损伤果仁。因此，用机械脱皮法脱除核桃青皮时，必须在采收后的 1~2d 内脱除。

（四）漂洗处理

核桃脱去青皮后，通过清洗可去除坚果上的泥土、残留的烂皮和枝叶。清洗的方法有人工清洗与机械清洗。人工清洗的方法是将脱皮的坚果装筐，把筐放入水池中或流动的水里，用竹扫帚搅洗。在水池中洗涤时，应及时更换清水，每次洗涤 5min，洗涤时间不宜过长，以免脏水渗入壳内污染果仁。机械清洗的工效是人工清洗的 3~4 倍，核桃成品率也会提高 10%左右。

为了使成品核桃外观品质光滑洁净、色泽一致，往往将核桃洗涤后进行漂白。具体做法是在陶瓷缸内，先将漂白精（含次氯酸钠 80%）溶于 5~7 倍的清水中，然后把洗净的核桃放入缸内，使漂白液浸没坚果，用木棍搅拌 3~5min。当核桃坚果壳面变为白色时，立即捞出并用清水冲洗两次，晾晒。只要漂白液不浑浊，就可连续漂洗，一般一缸漂白液可漂洗 7~8 批核桃。用漂白粉漂洗时，先把 0.5kg 的漂白粉加温水 3~4kg 溶解，滤去残渣，然后在陶瓷缸内兑清水 30~40kg 配成漂白液。再将洗好的核桃放入漂白液中，搅拌 8~10min。当坚果表面变白时，捞出后清洗干净，晾干即可。使用过的漂白液再加 0.25kg 的漂白粉仍可继续漂洗，每次可漂洗核桃坚果 40kg。

注意，漂白时最好用瓷制品（如大缸）作为容器，禁止使用铁、木容器，否则会使核桃变绿而影响商品质量，并容易腐蚀容器。

（五）干制处理

核桃坚果的干制有自然晾晒与人工干制两种方法。

1. 自然晾晒

洗好的坚果应先在竹箔或高粱秸箔上阴干半天，待大部分水分蒸发后再摊放在箔上晾晒。摊放厚度不应超过两层，过厚则容易发热，果仁变质，也不容易干燥。晾晒时要经常翻动，要避免雨淋和夜间受潮，不能在阳光下曝晒，以免果壳破裂、果仁变质。一般经 5~7d 即可晾干，此时，核仁皮由乳白色变为金黄色，且中间隔膜易折断。

2. 人工干制

与自然晾晒相比，人工干制的设备及安装费用较高，操作技术比较复杂，成本也高。但是，人工干制具有自然晾晒无可比拟的优越性，它是核桃坚果干制的发展方向。目前，我国的人工干燥设备，按烘干时的热作用方式，一般分为对流式干燥设备、热辐射式干燥设备和电磁感应式干燥设备三种类型。此外，还有间歇式烘干室与连续式通道烘干室，低温干燥室和高温烘干室之分。所用载热体有蒸汽、热水、电能、烟道气等。间歇式烘干室普遍采用蒸汽、电能电热，连续式通道烘干室则多采用红外线加热。电磁感应式干燥目前尚未广泛应用，生产上使用较多的是烘灶和烘房，它采用炉灶加热、借空气对流完成热传导。

（六）核桃分级与装运

核桃坚果质量的优劣深受生产者、经营者、消费者和外贸部门的关注。不同坚果的品质具有不同的价格，新的质量等级分为特级、一级、二级、三级四个等级，每个等级均要求坚果充分成熟，壳面洁净，缝合线紧密，无露仁、虫蛀、出油、霉变、异味、无杂质，未经有害化学漂白物处理过。

1. 特级核桃

果形大小均匀，形状一致，外壳自然黄白色，果仁饱满、色黄白、涩味淡；坚果横径不低于 30mm，平均单果质量不低于 12.0g，出仁率达到 53.0%，空壳果率不超过 1.0%，破损果率不超过 0.1%，含水率不高于 8.0%，无黑斑果，易取整仁，粗脂肪含量不低于 65.0%，蛋白质含量达到 14.0%。

2. 一级核桃

果形基本一致，出仁率达到 48.0%，空壳果率不超过 2.0%，黑斑果率不超过 0.1%，其他指标与特级果指标相同。

3. 二级核桃

果形基本一致，外壳自然黄白色、果仁较饱满、色黄白、涩味淡；坚果横径不低于28.0mm，平均单果质量不低于10.0g，出仁率达到43.0%，空壳果率不超过2.0%，破损果率不超过0.2%，含水率不高于8.0%，黑斑果率不超过0.2%，易取半仁；粗脂肪含量不低于60.0%，蛋白质含量达到12.0%。

4. 三级核桃

无果形要求，外壳自然黄白色或黄褐色，果仁较饱满、呈黄白色或浅琥珀色、稍涩；坚果横径不低于26.0mm，平均单果质量不低于8.0g，出仁率达到38.0%，空壳果率不超过3.0%，破损果率不超过0.3%，含水率不高于8.0%，黑斑果率不超过0.3%，易取1/4仁；粗脂肪含量不低于60.0%，蛋白质含量达到10.0%。

分级后的核桃，要用干燥、结实、清洁和卫生的麻袋包装，每袋装45kg左右，包口用针线缝严，在包装袋的左上角标明批号。果壳薄于1mm的核桃可用纸箱包装。在运输过程中，应防止雨淋、污染和剧烈的碰撞。

核桃取仁分人工取仁和机械取仁两种，我国目前多采用人工砸取，在砸仁时，核桃要放在干净的物品上，用力要均匀、适度，不可猛击和连续多击，尽可能提高整仁率，为了使种仁少受或不受污染，砸仁前要处理好现场，保持场地的清洁卫生，砸破后先装入干净的容器内，再戴上干净手套剥取核仁，后放入容器或食品塑料袋内，然后按种仁的完整程度和仁色划分等级。

（七）贮藏

由于核桃仁中脂肪含量较高，在贮藏过程中极易发生氧化酸败，引起品质下降，俗称有"哈喇味"，因此，正确贮藏极为重要。

1. 贮藏方法

供贮藏用核桃必须在完全成熟后采收、贮藏。

室内贮藏与低温冷藏：一般将干制处理后的核桃装入布袋或麻袋，或装入围囤置于室内，底部用木板或砖石支垫，使核桃距地面40~50cm。贮藏室内环境必须冷凉、干燥、通风、背光，并注意防鼠。上述方法只适合短期贮藏，在常温条件下能贮至夏季来临之前品质基本不变。长期贮藏核桃应具备低温条件。大量贮藏时，最好用麻袋或冷藏箱包装，置于0~5℃恒温冷库中贮藏，核桃仁保质期可达两年之久。

膜帐密封贮藏：在核桃贮量大又不具备冷库条件时，可采用塑料薄膜帐密封贮藏。核桃在秋季充分干燥后入帐，翌年2月气温回升前封帐，密封时应保持低温。帐内可通入二氧化碳抑制核桃呼吸，减少损耗，抑制霉菌活动，防止霉烂。二氧化碳浓度达到50%以上，可防止油脂氧化而产生酸败现象及虫害发生。帐内充氮也可以在一定程度上防止核桃衰老。充氮贮藏4周后的核桃，其色泽、风味明显优于同期室内贮藏的核桃；充氮贮藏的核桃在 25 周后仍然保持良好品质，而此时在室内贮藏的核桃仁容易发生酸败，核桃皮颜色发暗。

2. 影响贮藏品质的因素

硬壳结构：硬壳越薄，缝合线越平，裂果率越高（裂果即指核桃坚果缝合线处的开裂），种仁受污染几率越高，贮藏过程中发生虫果率越高；缝合线紧密度与硬壳厚度是影响核桃裂果率、虫果率的最主要因素。

水分含量：我国对需要进行贮藏的核桃仁的含水量要求控制在 6%~8%，与美国要求相近；而法国有关专家则表示对核桃仁含水量的要求在 12% 以下。在此条件下，大多数微生物的生长繁殖可以被抑制；水分也是影响核桃油脂酸败的重要因素。干燥并不能完全消除核桃酸败的发生，如含水量过低，反而会增加酸败发生的可能性。因此，有研究认为，核桃仁含水量不能低于 3.5%。

氧、温度及相对湿度：隔氧、充氮包装及在适宜温度（0~5℃）及相对湿度（60%）条件下贮藏可延长贮藏时间。

辐照处理：虫害也是影响核桃贮藏品质的主要因素之一。传统方法主要采用熏蒸来控制核桃贮运过程中的虫害，使用的熏蒸剂有乙烯二溴化物、溴代甲烷、环氧乙烷等。但熏蒸剂对人体及环境都有不良影响，现在已被禁止使用或正被淘汰。因此，研制一种针对性较强的非化学控制虫害的方法就显得尤为重要。研究人员发现，采用辐射处理可有效地替代化学方法，用于控制虫害的辐射剂量较低，一般为 1kGy，不会引起坚果成分发生明显变化，对感官品质也无负面影响，并且还能够在杀死所有滋生昆虫的同时，不引起核桃的氧化酸败。

三、核桃焙烤及核桃粉加工

（一）核桃的焙烤

焙烤核桃仁中的主要香味成分是含氮的杂环化合物，除此之外，蛋白质中的苏氨酸、丝氨酸在受热后可以降解为有坚果香味的吡嗪、吡咯类。但是焙烤同时会使坚果中存在的大量不饱和脂肪酸快速氧化，这种氧化反应具有自我催化的特性，一旦开始就会不断氧化脂肪从而积聚过氧化物，而氧化的脂肪酸（也称为自由基）不但可与其他脂肪酸发生反应，而且可与氨基酸反应，从而使氨基酸不能为人体所吸收利用。因此，为了同时保证坚果类产品的美味与营养，就要严格控制焙烤条件。焙烤温度与焙烤时间是对核桃仁风味及其油脂氧化的主要控制工艺条件。

1. 焙烤温度

焙烤温度对核桃仁风味有很大的影响。核桃仁的焙烤风味是美拉德反应产生的，考虑美拉德反应温度在 100℃ 左右，而焦糖化反应温度在 140℃，为了保证核桃仁有足够的焙烤风味，同时防止焦糖化反应的发生，一般焙烤温度应在 80~

140℃范围内选择。

温度越高反应速度越快,生成风味物质所需的时间越短,因此各温度下得到最佳风味的焙烤时间随着焙烤温度的升高而减少,且在给定的焙烤温度下风味都会随着焙烤时间的增加先增加再降低,这是由于随着焙烤时间的不断增加,焦糖化反应加剧,核桃仁的焦糊味加重。但各温度下获得的最佳焙烤核桃仁的风味之间不存在明显差异,可以认为在80~140℃温度范围内各温度下焙烤一定时间均能获得最佳焙烤风味的核桃仁。

2. 焙烤时间

焙烤时间对核桃仁油脂氧化也有影响。不同焙烤温度下获得相同焙烤香味的油脂的过氧化值明显不同,当温度从80℃增加到125℃时,随着焙烤时间的缩短,油脂的过氧化值也随之降低,而当温度增加到140℃时,过氧化值却呈相反的趋势,这可能是因为当温度达到140℃时油脂氧化的诱导期急剧缩短。综上所述,温度太高油脂氧化剧烈,过氧化值偏高;温度太低,焙烤时间过长,油脂的过氧化值依然过高,因此要保证良好的风味和最佳的营养性能,焙烤温度选择125℃,时间选择1.5h,此时核桃仁中油脂的过氧化值较低。

综合焙烤时间和焙烤温度两个主要的工艺控制参数,当温度在110~140℃之间都可以在短时间内获得最佳焙烤风味的核桃仁,且各温度下得到的最佳风味之间无明显的风味差别,但是其油脂的过氧化值却有明显的不同,其中125℃下焙烤的核桃仁油脂的氧化程度最低,是最佳的焙烤温度。

(二) 全脂核桃粉

以核桃蛋白为原料的主要产品是核桃粉,核桃粉的加工技术分为干法和湿法两种。其中干法加工比较简单,使用核桃仁为原料先以干法脱皮后经液压冷榨去掉部分油脂,然后冷榨饼经粉碎与其他物料混合后制成产品。本方法大部分是手工操作,无法形成产业化。湿法加工核桃粉是近几年来核桃深加工的新工艺。

全脂核桃粉是由不脱油的核桃仁添加其他辅料制成的。由于核桃含油量高,直接制粉比较困难,所以必须添加大量的其他辅料,因此,产品的风味欠佳,而且保质期也短。

1. 工艺流程

核桃仁→挑选→浸泡脱皮→磨浆→浆渣分离→调配→均质→灭菌→浓缩→喷雾干燥→产品包装

2. 操作要点

去杂去皮:将经破壳机组分出的核桃仁中夹有的碎壳、隔膜及氧化霉变的仁去掉,并且原料要求进行脱皮处理。

磨浆：用砂轮磨及超细磨将脱皮核桃仁磨成浆体。加水量为原料重的 8~10 倍。磨浆分离用 100 目筛网过滤，反复两次，得到混合乳状液。在磨浆时也可配入一定比例的脱脂花生粉、奶粉、微量元素或糖等。配方中需加入较大量的辅料来平衡原料中脂肪、蛋白及糖类的比例，因此，产品中纯核桃的组分含量较低（3%~10%）。

均质：压力 30MPa，温度 55℃，反复 2~3 次。

浓缩：真空度 15~17kPa，浓缩至原体积的 1/4，固形物含量达 45%，温度 65℃。

喷粉：采用离心喷粉，转速 $1.5×10^4$ r/min，乳化温度 45~55℃，进风温度 200℃，排风温度 90℃，出粉后立即冷却。制品用塑料袋抽真空或充氮包装。采用喷雾干燥工艺进行脱水干燥，所得粉状产品能直接加水冲调食用。

根据产品的不同要求采用分渣工序，可连续化生产。产品中脂肪含量高，不宜长时间存放。

（三）预榨浸出油法加工脱脂核桃粉

脱脂核桃粉是将核桃油几乎全部脱除后加工而成的产品，其蛋白含量较高，但缺乏必要的油脂香味。其工艺流程如下：

核桃仁脱皮 → 烘干 → 液压冷榨 → 冷榨饼 → 破碎 → 轧坯 → 溶剂浸出 → 低温脱溶（制油） → 核桃仁粕 → 超微粉碎 → 仁粕粉

（四）水剂法加工脱脂核桃粉

水剂法是核桃加工的新技术，它以核桃仁为原料，取油、蛋白（核桃粉）同时进行，可直接生产商用精制核桃油及食用核桃粉。

1. 工艺流程

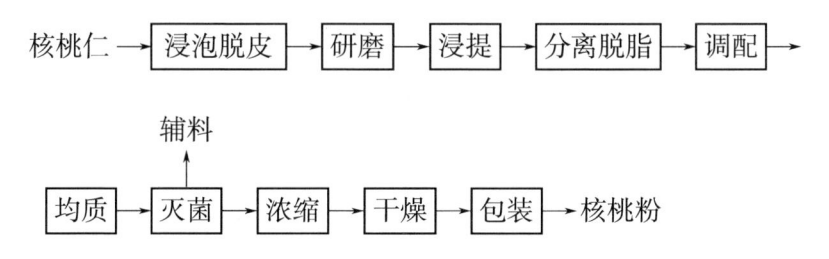

核桃仁 → 浸泡脱皮 → 研磨 → 浸提 → 分离脱脂 → 调配 →

均质 → 灭菌 → 浓缩 → 干燥 → 包装 → 核桃粉
（灭菌处加辅料）

2. 操作要点

采用该工艺，核桃粉纯度可高达 20%~30%。该加工工艺灵活，脂肪、蛋白与糖类可随时调整，可根据不同要求生产多种产品。该工艺生产以水为溶剂，操作安全，采用喷雾干燥工艺进行干燥，核桃粉速溶性好，是一种方便营养食品，可直接食用。

（五）微胶囊法加工脱脂核桃粉

核桃粉的微胶囊技术是以乳化剂、稳定剂、明胶、麦芽糊精等作为微胶囊壁材，利用喷雾干燥法制备高营养核桃粉。

1. 工艺流程

核桃粕粉碎 → 乳化剂、稳定剂+水调配 → 均质 → 喷雾干燥 → 成品 → 包装

2. 操作要点

乳化剂、稳定剂+水调配：将明胶在常温下冷水中浸泡60min，于60℃下水浴加热，并加入乳化剂和稳定剂，使其溶解，待冷却后加入核桃粉。乳化剂为蔗糖脂肪酸酯，其添加量为2%，稳定性达95%；最佳乳化温度为60℃；β-环糊精作为稳定剂，其添加量为1%。

壁材配方为：明胶；β-环糊精；麦芽糊精质量比为1∶4∶4；包埋率达85.7%，稳定性达100%。

均质压力达40MPa时，乳化稳定性达100%；均质3次后，乳化很充分、均匀，乳化液的稳定性较高；喷雾干燥过程中进风和出风温度分别为210℃和85℃。

上述采用喷雾干燥法生产的核桃粉，产品颗粒蓬松多孔，流动性、速溶性好，冲调时迅速溶解而不易分层。另一种生产方法是超微粉碎法，这种方法生产的核桃粉具有很强的表面吸附力，因而具有很好的分散性和溶解性，容易消化吸收。相对于喷雾干燥法来说，超微粉碎法生产核桃粉的工艺大大简化，省去了许多设备，节省了投资，具有非常广阔的应用前景。

若在制取油脂的过程中未将油脂完全去除，而在核桃蛋白中保留了适量的核桃油，以此种核桃蛋白来制作半脱脂核桃粉，既有利于核桃粉的制作又有利于延长货架期，同时还能保留核桃的固有风味。

（六）核桃蛋白乳

核桃果茶、核桃乳汁、核桃乳茶等都属于核桃乳饮料。核桃乳分为全脂核桃乳和脱脂核桃乳。全脂核桃乳是用未脱脂的核桃仁加工而成的，由于含油量比较高，容易产生分层现象。脱脂核桃乳是用去除全部油脂后的核桃蛋白制成的，油脂含量较低，因而核桃香味不明显。下面简述全脂核桃乳的生产工艺。另外，用半脱脂核桃蛋白研制的核桃乳不仅具有核桃固有的香味，而且有非常稳定、不易分层的特点。

1. 工艺流程

核桃饮料属植物蛋白饮料的范畴，其附加值较高，产品是以核桃仁为原料进行

加工的，其加工工艺如下：

核桃仁→浸泡→脱皮→清洗→磨浆→浆渣分离→调质→均质→灌装→杀菌→冷却→检验

2. 操作要点

浸泡：用碳酸氢钠溶液（pH 7.5~8.0）浸泡，温度为 40~50℃，时间 6~10h。此过程有利于核桃仁内可溶性物质的提取及有害物质的浸出，能增加产品的口感和观感。

磨浆：用砂轮磨和超细磨将脱皮核桃仁磨成浆体。

浆渣分离：在分离机上用 180 目/2.54cm 滤布过滤浆体，进行渣浆分离得到乳浆。主要目的是将粗纤维和部分溶解性差的碳水化合物与浆体分离。

稳定剂的选择：由于核桃仁富含脂肪，为使产品稳定不分层，需选择使用复合乳化剂和增稠剂制成的稳定剂。

调质与均质：将各种原料按要求调配好后采用高压均质机进行均质，使各组分均匀一致。高压均质的压力为 35~40MPa，均质温度为 60℃。最好采用二次均质，使乳液充分混匀，避免分层。

包装及杀菌：由于蛋白饮料的特殊要求，故常用后杀菌方式来满足产品长期存放销售的要求。其包装物的形式有金属三片罐、玻璃瓶及聚乙烯蒸煮袋等几种，前两种包装材料由于成本高且回收困难而限制了产品的销售及普及，而聚乙烯蒸煮袋由于具有成本低廉（只是金属三片罐包装成本的 1/15、玻璃瓶包装成本的 1/10），加工设备简单，产品加热、冷冻快捷，携带食用方便等优点而迅速地得到了普及，该项技术已成功地在植物蛋白饮料生产中得到应用。

四、核桃油

核桃油是一种高级食用油，核桃仁的含油量高达 65%~70%，每 100kg 带壳核桃仁可榨油 25~30kg。以核桃为原料制油也是核桃深加工的方向之一，目前已采用的核桃制油工艺有四类，第一类是采用传统的机械压榨工艺；第二类是采用预榨—浸出工艺；第三类是水剂法提取工艺；第四类是超临界 CO_2 萃取工艺。前两者为目前生产中常用的生产工艺，可以满足上述要求，并且操作过程简单、效率高，适合于工业化生产。此外，还有微波法萃取核桃油工艺的研究及核桃油微胶囊技术制备工艺的研究。同时核桃又属于小宗特种油料，必须根据其特性选择合适的制取方法，在保证核桃油天然品质的同时又避免核桃蛋白的变性。

（一）机械压榨法

由于核桃仁直接压榨是在较低的温度（原料不经高温蒸炒）下进行的，所以可保持核桃油中的天然有效物质不被破坏,产品的商业价值较高。

1. 工艺流程

该方法是以核桃果为原料,其工艺如下:

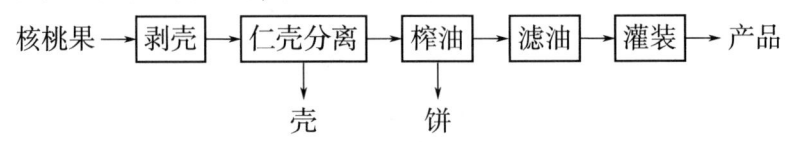

核桃果 → 剥壳 → 仁壳分离 → 榨油 → 滤油 → 灌装 → 产品
                    ↓   ↓
                    壳   饼

2. 操作要点

核桃仁的挑选:选择果实饱满、无虫、无霉烂变质的核桃仁。

含壳率:核桃仁的含油量高达65%~70%,且纤维状物质很少,故机榨制油很难。根据研究人员用螺旋榨油机制取核桃油的试验,如果不添加其他辅料,榨膛内无法达到榨油所需的压力,核桃饼与核桃油无法分离,一起呈酱状被挤压出来,无法制取核桃油。为了克服这个问题,采用机械压榨法制取核桃油时,可在核桃仁中添加部分核桃壳,这样核桃油就比较容易被压榨出来。直接压榨法对压榨物料的含壳率有一定的要求,含壳率低不利于出油。一般要求含壳率在30%,其出油率在25%~30%。用机械压榨法生产核桃油后的副产品核桃饼,由于其含皮壳,无法作为食品再食用,导致了核桃油的成本过高。另外,核桃油经过滤处理后,残留物中的胶体杂质无法去除,也无法再利用。

设备要求:采用螺旋榨油机可连续化生产,设备配套简单,适合于小型核桃制油厂生产。

过滤:压榨后的毛油含有较多的杂质,先沉淀待澄清后过滤。

(二) 预榨—有机溶剂浸出法

1. 工艺的基本原理

4号溶剂(主要成分为丙烷和丁烷)在常温常压下为气体,加压后为液体。在常温和一定的压力下(0.3~0.8MPa),用4号溶剂逆流浸出核桃粕,然后对混合油和核桃粕中的溶剂减压汽化,汽化的溶剂再经过压缩机压缩冷凝液化后循环使用,脱溶过程基本上不需加热。

由4号溶剂性质决定该浸出器为罐组式浸出器,料溶比一般为1:1。物料的浸出、脱溶,在同一个设备内进行。所得的核桃油色泽为浅黄色,粕为白色,毛油及粕中的有效物质(维生素、生物活性酶等)基本不被破坏。

2. 工艺流程

该方法特点是常温浸出,低温脱溶。以核桃仁为原料,先经间歇式液压榨油机压榨取毛油35%,而后采用4号(主要成分为丙烷和丁烷)或6号(轻汽油)溶剂浸出制油,采用该法出油率高(粕残油5%以下),其工艺如下:

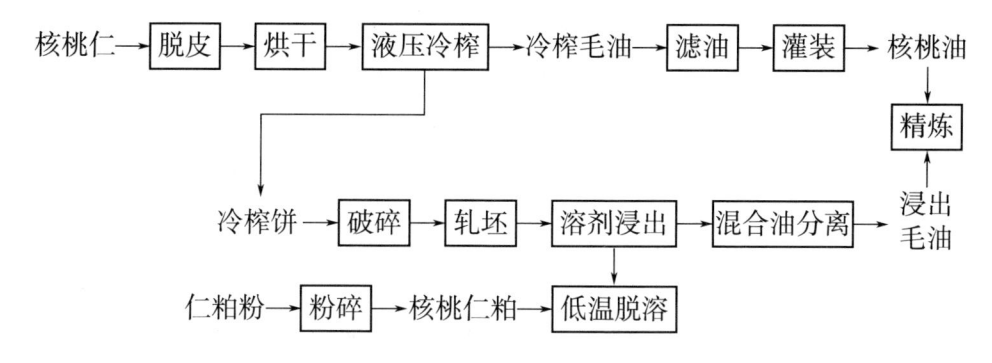

```
核桃仁→脱皮→烘干→液压冷榨→冷榨毛油→滤油→灌装→核桃油
                        ↓                              ↓
                     冷榨饼→破碎→轧坯→溶剂浸出→混合油分离→精炼
                                                        ↓
                      仁粕粉→粉碎→核桃仁粕→低温脱溶     浸出毛油
```

3. 操作要点

液压冷榨过程：由于核桃仁为高含油油料，必须选用预榨—浸出工艺。所选用的榨油机为液压榨油机。首先，在器具上平铺一个编织袋，放入适量的核桃仁，将核桃仁包装成一个个小包（每包5kg最为适宜），把包好的核桃仁放入特制的模具中（模具上有许多孔，用来流油，并且模具也要有适量的厚度，能承受一定的压力），每个料层之间要用薄铁皮隔开，以利于料层间油的流出。然后加压，当压力升到4MPa时，开始出油；压力升到10~20MPa时，油出得最多；压力升到40MPa时，流出的核桃油很少，此时就可泄压排料了。要点是，打的包小时出油率高；压力要"少升""勤升"，不能一次升压过高，否则会导致油以浆状喷出或者油料间流油通道封闭和收缩，出油率不理想。在整个榨油过程中，核桃仁不加热，没有热变性。榨出的核桃油色浅、透亮，出油量为仁重的32%。核桃饼粕为半脱脂状态，粕疏松，有核桃固有的香味，且蛋白不变性，便于核桃蛋白的开发利用。

破碎：压榨后的核桃仁因受外力的作用，其结构已经有所改变，再经破碎机加工，破碎成小块，利于轧坯。破碎是预处理的一道关键工序，破碎时既要保证破碎成的颗粒大小均匀（一般颗粒直径在3~5mm），又要保证核桃油不溢出来。要求粉末度小，破碎成的颗粒大小符合轧坯条件，便于轧坯机吃料。

轧坯：浸出前需进行轧坯处理，破坏细胞以便于溶剂渗透。轧坯是一个非常重要的工艺流程，它直接影响浸出效果。经轧坯轧出的核桃仁坯外形结构具有一定的韧性，粉末度小，适合萃取条件。萃取时溶剂容易渗入粕内部，粕残油低，效果比较理想。

低温操作：考虑到核桃仁粕粉的热变性问题及为保存浸出油中原有的生物活性物质，冷榨、浸出毛油及浸出粕需进行低温脱溶剂精炼处理，以保持产品中的天然成分不被破坏。

设备要求：整个过程为间歇操作（若采用6号溶剂浸出可实现连续化操作），同时采用有机溶剂，出油率高，但工艺设备技术要求较高。

脱皮：考虑到核桃仁粕粉的再利用，预处理应采用预先脱皮工艺。核桃仁的脱皮常采用湿碱法脱皮工艺，即采用0.1%~0.2%的氢氧化钠水溶液浸泡核桃仁，使其表皮软化腐蚀后再用清水将表皮冲洗掉。所得核桃仁粕粉可直接作为食品加工原料使用，使核桃得到全面的开发利用。若原料未经脱皮处理，所得核桃仁粕粉需进行处理。

烘干：把去皮后的核桃仁水分烘干到7%以下即可。

（三）超临界二氧化碳流体萃取法

利用传统压榨法、有机溶剂法获取的核桃油的品质较低，且利用有机溶剂法提取核桃油时有机溶剂容易残留，食用后对健康不利。利用超临界二氧化碳萃取核桃油，可使核桃油得率达到93%，且油中的脂肪酸含量高，其中不饱和脂肪酸含量高达90%以上。而且油色泽澄清，不含色素和有机溶剂，可以广泛用于保健食品、医药和化妆品领域。

1. 工艺流程

核桃仁→分拣去杂→粉碎→萃取

2. 操作要点

核桃仁经过分拣去杂，送入剪切式粉碎机粉碎，粉碎度30目大小即可。物料变细一方面增加了传质面积，且减少了传质距离与传质阻力，有利于萃取；但另一方面若物料太细，高压下易被压实，增加了传质阻力，则不利于萃取。由于核桃仁含油量高，粉碎过细易被压实而不利于萃取，所以生产上选择粉碎度30目左右为宜。

把粉碎后的核桃仁装入萃取器中，装好法兰密封后，打开二氧化碳气瓶，并启动二氧化碳泵在超临界状态下萃取5h。超临界状态为萃取压力30MPa、萃取温度45℃。

超临界流体兼有近气体的黏度、扩散系数和液体的密度，具有很好的传质特性，改变压强和温度可以对物质进行有效的萃取和分离。在核桃油的萃取中，萃取率与萃取压强、温度有关。在较低温度下，随着压强增加，核桃油萃取率逐渐增加，但当压强大于30MPa以后，萃取率增加较缓慢。在较高温度下，当压强超过30MPa时萃取率反而降低。这是因为高压强下二氧化碳的密度较大，可压缩性小，增加的压强对物质溶解度的影响很小。同时高压也会增加设备的投资及操作费用，因此从生产角度考虑，应选择30MPa进行萃取。

萃取温度是影响超临界CO_2密度的一个重要参数。升温一方面增加了物质的扩散系数而利于萃取，另一方面又因降低了二氧化碳的密度，使物质溶解度降低而不利于萃取。因此合适温度的选择取决于密度降低与扩散系数的增加两种竞争效应相持的结果。压强小于或等于30MPa、温度在45℃以下时，萃取率随温度的升高而升高；温度在45℃以上时，萃取率随温度的升高反而下降。这是因为温度大于45℃时，在高压下超临界二氧化碳密度大，可压缩性小，升温对密度降低的影响较小，但却明显增大了扩散系数，因而使溶解度增加；低压下，超临界CO_2可压缩性大，升温造成的二氧化碳的密度的下降远远大于扩散系数的增加，因此使溶解度下降；综合考虑到压强因素，核桃油宜在45℃进行萃取。

采用超临界CO_2流体萃取技术制取核桃油，萃取出的核桃油质量虽比用上述其他方法制取的核桃油要好，但香气仍存在欠缺，而且如果要实现大规模生产，还需设备的巨大发展和资金的大量投入，因而此项技术距离产业化生产仍有一段较长的路程。

（四）核桃油的抗氧化

核桃油的不饱和脂肪酸含量很高，达90%左右，主要由油酸、亚油酸、亚麻酸组成。由于不饱和脂肪酸的含量高，因而比较容易氧化。为了防止或尽量避免核桃油的氧化，除了减少氧气、光线的影响，创造良好的保存条件外，还可以加入抗氧化剂，抗氧化剂可以与自由基反应，从而中止自动氧化的进程。在油脂中常用的抗氧化剂大都是脂溶性的酚类化合物，如BHA、BHT、PG、TBHQ等。在加入抗氧化剂的同时也可以加入柠檬酸、抗坏血酸等酸类物质及一些金属离子的螯合剂，这样可以增强抗氧化剂的使用效果。

现代油脂微胶囊技术给核桃油的贮存带来了突破性的进展。微胶囊化是用特殊的手段将液、固或气体物质包埋在一个微小而封闭的胶囊内的技术。核桃油微胶囊化可显著减少芳香成分的损失，大大降低核桃油中不饱和脂肪酸的氧化程度，使其免受环境中温度、氧气、紫外线等因素的影响，还可使液态的核桃油改变为固态，方便了核桃油的贮存、运输和使用，更加适应现代食品工业的需要。

1. 工艺流程

壁材（海藻酸钠）+蒸馏水→混合→加热搅拌（60~70℃）→完全熔融+芯材（核桃油）+乳化剂（单甘酯）→混合，乳化均匀→锐孔造粒→凝固浴凝固→分离→干燥→成品

2. 操作要点

壁材海藻酸钠1.5%，芯材核桃油和壁材的最佳比例为3.6：1，乳化剂的最佳浓度为0.2%。乳化温度60~70℃，凝固浴氯化钙浓度为2%。

随着油脂微胶囊技术的成熟以及核桃油贮存期的延长，核桃油应是核桃深加工的主流方向。

五、核桃的综合利用

（一）核桃壳

1. 核桃壳的用途

核桃壳硬度比较大，不容易破碎，这给处理带来了困难，但其特性也带来了巨大的商机。利用核桃壳制作活性炭已获得成功，把核桃壳粉碎成 2.5~15mm 的碎片，在810℃下活化150min，可制得优良活性炭。用处理过的核桃壳颗粒制造的过滤器，可以大量应用在石油工业中。美国的研究者发现核桃壳经超微粉碎制成超细粉后，用途非常广泛。

在金属清洗行业，核桃壳经过处理后可以用作金属的清洗和抛光材料。比如飞机引擎、电路板以及轮船和汽车的齿轮装置都可以用处理后的核桃壳清洗。核桃壳被粉碎成极细的颗粒后具有一定的弹性、恢复力和巨大的承受力，适合在气流冲洗操作中用作研磨剂。

在石油行业，断裂地带和松散地质部分的石油钻探与开采比较困难，而核桃壳超细粉可以作为填充的堵漏剂用于此种情况，以利于钻探或开采的顺利进行。

在高级涂料行业，可将核桃壳加工后添加在涂料中，能使涂料具有类似塑料的质感，性能显著优于普通涂料。这种涂料可以涂在塑料、墙纸、砖以及墙板上，用以覆盖表面的裂痕。

在炸药行业，炸药制造者将核桃壳超细粉与其他添加物一起添加在炸药里，大大增加了炸药的威力。

在化妆品行业，核桃壳超细粉为纯天然物质，安全无毒，作为一种粗糙的沙砾般的添加剂可以用在肥皂、牙膏以及其他一些护肤品里，效果也非常理想。

山核桃壳不仅被用来制取活性炭，它也和油桐、油茶等蒲壳一起被用于生产碳酸钾和焦磷酸钾。

2. 核桃壳超细粉的加工

核桃壳超细粉的加工方法主要有以下几类：

一是借助运动的研磨介质产生的作用力粉碎物料的磨介式粉碎，其代表设备有球磨机、搅拌磨等。磨介式粉碎的产品粒度较大而且不很均匀。

二是机械剪切式超微粉碎。这种方式常用于韧性物料和柔性物料的加工。

三是气流式超微粉碎。它是利用超音速气流作为颗粒的载体，随着气流的运动，颗粒之间相互碰撞而达到粉碎的目的。其类型有扁平式、循环管式、对喷式等。气流式超微粉碎的产品粒度比较均匀，而且温度上升比较低。根据核桃壳的性质，用气流式超微粉碎法制取核桃壳超细粉，效果比较理想。

国内研究人员采用微波—催化剂法制备活性炭材料，主要工艺流程为：

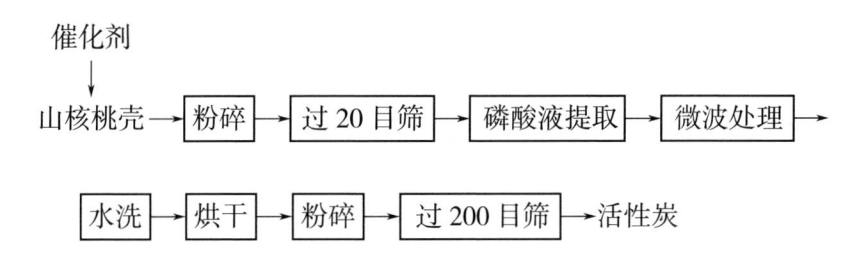

```
                    催化剂
                      ↓
山核桃壳 → 粉碎 → 过20目筛 → 磷酸液提取 → 微波处理 →

水洗 → 烘干 → 粉碎 → 过200目筛 → 活性炭
```

美国已经有企业销售核桃壳超细粉，研究人员认为将来还会发现核桃壳其他的一些用途。随着其用途的不断扩大，核桃壳的市场也会越来越大，其价值甚至会超过核桃仁。

山核桃壳中含有氨基酸、多糖、皂苷、黄酮、挥发油、香豆素类等成分。

(二) 山核桃果皮

山核桃青果皮为山核桃未成熟时外部的一层厚厚的绿色果皮，它是一种有毒物质，正常人服用过量会导致死亡，但对癌症患者有一定疗效。据药典记载，头伏前采摘的青皮核桃泡酒有治疗胃病的功效，临床和民间有食青果皮用来治疗癌症的例子，但药用成分不详。目前，对于山核桃外果皮的研究还比较少。但依然有实验表明即使是外果皮中也含有多种对人体有益的不饱和脂肪酸。还有实验表明：山核桃外果皮之所以有毒是由于其含有砷。砷，构成砒霜的主要元素之一，进入人体会引起中毒，主要表现是神经衰竭、多发性神经炎、腹痛、呕吐、肝痛、肝大等消化系统障碍，对于人体，砷化物的口服致死量为 0.06~2g，有些敏感者只需 0.01g 即能引起中毒。除了含有少量砷外，山核桃外果皮中还含有钾、钙、铁、锰等矿物质元素。将外部总苞烧灰取碱，灰中含碱量 20%~30%，碱中含碳酸钾 60%，是重要的化工、医药和轻工原料。研究人员正在分离山核桃外果皮中的有效成分，以便为药理试验奠定基础。

第二节　榛　子

榛子为桦木科（Betulaceae）榛属（*Corylus*）植物（图4-2），原产于我国，据考证已有6000多年的历史。由于榛子的野生资源丰富，多年来我国利用较多的是林下资源，但是随着栽培学的迅速发展，近年来在我国部分地区已有少量的栽培。榛树在我国主要有四种，即平榛（*Corylus heterophylla* Fisch.）、山白果榛（*C. chinensis* Franch.）、毛榛（*C. mandshurica* Maxim.）和刺榛（*C. tibetica* Batal.），另外还有川榛（*C. heterophylla* Franch.）和滇榛两个变种。除山白果榛为乔木外，其他均为灌木。

平榛分布地域较广，资源较多，且集中成片，主要在东北三省和内蒙古的东部，其次在河北、山西、山东、河南、贵州、甘肃等地；刺榛主要分布在西南地区的四川、云南和西北地区的陕西、甘肃以及湖北等地；山白果榛分布范围更小，只在湖北、四川、云南的偏僻山区才能见到，一般与其他树木混生，数量很少；毛榛资源数量不多，分布地域大体与平榛一致，多在疏林下呈零星分布。

图4-2 榛子

榛子是果材兼用的优良树种，不仅可以生产十分珍贵的木材，而且能生产上等的坚果和以其种仁为原料的高档食品。榛子种仁油芳香可食，又是制作肥皂、蜡烛和化妆品的原料。

一、榛子的化学成分与功能特性

榛子坚果的种仁营养丰富，含有蛋白质、脂肪、碳水化合物以及多种维生素和矿物质等。据分析，其含蛋白质16.2%~23.6%，淀粉6.6%，碳水化合物16.5%，脂肪50.6%~63.8%，种仁的出油率在50.6%~54.4%，而且对人体有益的不饱和脂肪酸含量高，其中脂肪酸成分为：油酸82.5%，亚油酸为12.7%，硬脂酸为1.3%，还含有微量的亚麻酸，因此它被称为心脏的保健食品，能够调节血压，降低胆固醇，减少低密度脂蛋白，降低冠心病的发病率。另外，榛子油中还含有B族维生素、维生素C及维生素E等。榛仁不仅可鲜食、生食和炒食，而且是食品工业的优质原料。在制油工业中，榛仁是榨取食用油及各种工业用油的原料，其含油量为大豆的2~3倍，其油色清味香，是优质的食用油。

榛仁可入药，据《开宝本草》记载：榛仁性味甘平、无毒，有调中、开胃、明目的功用。而榛树的雄花干粉有止血、消炎的作用。也有人用榛仁与党参配合，治疗体虚无力，食欲不佳。可见榛仁具有一定药用价值。由于榛子具有一定食、药用价值，因此被定为国际市场的四大坚果之一，据资料统计，1t 榛子可换回数吨钢材及化肥。因此，利用我国大量的山地种植榛子树来换取外汇，是林区脱贫致富繁荣经济的重要途径之一。

二、榛子的采收与贮藏

（一）采收时间

榛子成熟大致在白露前后。采集期较短，只有 10~15d，以后便自行落果，所以，掌握好榛子的采集期是很重要的。一般在总苞基部呈现酱紫色，果仁呈现淡黄色时，采集的果实质量最好。如采集目的是食用，采期也可适当提前，当总苞上缘变硬而向外翻卷时，即可开始采集。

（二）采收方法

榛子脱苞有两种方法：堆沤法和曝晒法。

1. 堆沤法

堆沤经 5~6d 后，用木棒敲击，即可使榛子与总苞分开。采集的数量少或没有曝晒条件的可采用此法，如果数量很多，堆放一起升温太高，时间久了容易使榛仁变质。

2. 曝晒法

即放在阳光下曝晒，后用木棒敲击使榛子与总苞分开，这种方法效果最好，但采集过早时，总苞往往干枯，黏着在果实基部不易脱掉。

（三）贮藏方法

榛子的贮藏包括低温湿藏和低温干藏。低温湿藏是在榛子采后入冬前，以砂：种子=（2~3）：1 的比例于室外挖窖层积，保持湿度 70%~80%，温度 0~5℃。低温湿藏较低温干藏对于保持果仁的品质效果更好。

三、榛子加工产品

（一）榛子蛋白乳

1. 工艺流程

原料→破壳→浸泡→漂烫→去皮→粗磨→胶磨→灭酶→调配→均质→灌装→杀菌→成品

2. 操作要点

原料选择和破壳：选择无病虫害、无霉变、九成熟以上的榛子果为原料。破壳前先将榛子在阳光下晒一段时间，以利于破壳机破碎，除去仁壳和碎屑，得榛仁。

浸泡：将榛仁浸泡在 40~50℃ 水中，浸泡时间 4h 左右。为保持原料良好的色泽，浸泡时可加入适量的氢氧化钠。

漂烫：将浸泡好的榛仁用 8~10 倍水热烫 1~2min，并不断搅动，使之漂烫均匀，然后迅速冷却。

去皮：采用人工或机械去皮的方法进行去皮，去皮后的榛仁用 4 倍左右的水洗涤，榛仁皮集中处理。

粗磨和胶磨：按榛仁∶水=1∶8 加水粗磨；用胶体磨对粗磨后的料液进行细磨处理得原汁。

灭酶：为了进一步钝化原料中各种酶的活性，将胶磨得到的榛子浆迅速通过温度为 85~90℃ 的管式换热器，以防止各种不利的酶促反应，确保产品的质量和风味。

调配：榛仁原汁、白砂糖、柠檬酸、复合稳定剂按配方比例进行调配，注意加料顺序。

均质：将配好的原料经管式换热器加热，打入高压均质机均质，压力控制在 25MPa 左右。

脱气：采用真空脱气，真空度为 90~92kPa，温度为常温。

灌装、杀菌：将饮料灌装入瓶中，封盖后杀菌，采用常压杀菌。杀菌公式为 (10′-15′-10′)/100℃。升温期间的排气很重要，充分排除杀菌釜内的空气。因此，当产品装入杀菌釜封闭以后，要将排气全部打开，并将蒸汽进入阀全开，尽快送入蒸汽。杀菌完成后的降压和降温过程中，采用空气反压降温冷却是十分重要的措施。

（二）榛子油

1. 溶剂浸出法

榛子油中含有油酸、亚油酸等多种脂肪酸和维生素，种仁含油率 54.44%，榛子油可以说是一种具有多种用途的木本粮油，为干性油，油清亮、橙黄色、色清味香，是优质食用油，在功能性油脂开发中具有广阔前景。榛子油的用途，除了可以用于高级食用油外，在工业上还多用于油画、制作肥皂、蜡烛和化妆品等制品，色泽经久不变，其油渣可制作饮料和肥料。目前，已采用的榛子制油工艺有四类。

工艺流程：

净料→炒料→碾料→浸出→蒸干→精制→净油

操作要点：

净料：将原料用水洗净，除去泥土杂质。

炒料：将净料放在锅中，加火炒至硬壳发脆、易爆裂为止。

碾料：把炒好的原料放在碾碎机中碾碎。

浸出：将碾碎的原料放入密封的槽内，溶剂（如乙醚、乙醇等）由底部管子通入，槽下部有孔板，覆盖滤布，滤布上放置油料。溶剂浸出油脂后，由槽的上方管流出，再导入第2个浸出槽。如此，通过多个浸出槽，待溶剂中含有50%以上的油分后，即可进行蒸馏，除去溶剂，剩下油脂。

蒸干：待油脂溶解完毕时，把油脂和溶剂混合物放入蒸发器中蒸干溶剂（蒸出的溶剂回收后，可继续使用），留下的便是油脂。

精制：可采用水合精制法，即用少量的热水（水的用量占油量的1%~3%，水温70℃），喷入50~60℃的油内，并不断搅拌，使油脂内的蛋白质及胶质膨胀而凝固下沉，即得澄清的纯油脂。也可采用漂白精制法，即用占油量2%~10%的漂白土（一种胶质黏土，其主要成分是蒙脱石），混入油脂，放入搅拌机内搅拌20~30min，温度控制在70~80℃。搅拌完毕后，使油脂澄清冷却，然后送入过滤器内过滤，除去漂白土及杂质，即为净油。纯净的榛子油是无色的，但制取的榛子油都带有些黄色或橙色。这是因为油脂中含有一定数量的天然色素。油脂的脱色方法有加热脱色、氧化脱色、化学药剂脱色法及吸附脱色法等。漂白精制法是利用某些对色素具有选择性作用的物质（吸附剂）吸附除去油脂内色素及其他杂质的方法。

残渣处理：浸出油脂后的料渣，经过蒸干溶剂后，可磨细作肥料。

2. 机械压榨法

工艺流程：

榛子仁→挑选（除去皮、渣）→碱法脱皮→晾干→破碎→液压榨油→榛子油（毛油）→过滤→充氮包装

操作要点：

选料：挑选饱满的、无虫蛀、无霉变、不溢油的当年产榛子仁，并除去榛子壳及其他物质。

脱皮：用7%的氢氧化钠溶液煮沸4~6min，用清水反复冲洗干净。

晾干：将脱皮后的榛子仁进行离心脱水，阴干，榛子仁的含水量为5%~9%。

破碎：用破碎机将脱皮后的榛子仁破碎成粒度在0.3cm以下。

液压榨油：用液压榨油机提取榛子油。

过滤：压榨后的榛子油（毛油）含有较多杂质，先沉淀待澄清后过滤。过滤后榛子油的杂质在0.1%以下。

充氮包装：榛子油中不饱和脂肪酸特别是亚油酸和亚麻酸的含量较高，天然抗氧化能力较差，在存放过程中容易氧化变质。可在榛子油的包装内充入氮气，避光保存。

3. 超临界二氧化碳流体萃取

工艺流程：

榛子→去壳→去除内皮→30℃鼓风干燥→粉碎过筛→萃取

操作要点：萃取时要综合考虑萃取压力、萃取时间和萃取温度对榛子油萃取率

的影响，合理的工艺条件为萃取压力20MPa，萃取温度50℃，萃取时间2h，在此萃取条件下油脂提取率可达到90%左右。萃取法所得的榛子油为黄色，澄清透明，无杂质，具有榛子特有的芳香。

4. 酶解法

酶解法提油工艺是在油料机械研磨的基础上加入酶，利用酶解作用进一步打破研磨时未能破坏的油料细胞，同时也打破油料中原有的脂蛋白和脂多糖等复杂的大分子结构，使更多的油脂被释放出来，酶解还有破除油脂和蛋白质在水中产生乳化的作用，使油脂更易分离，从而显著提高油的得率。

工艺流程：

榛子→挑选去壳→浸泡去皮→粉碎→水磨→榛子仁乳液→分离含油蛋白→酶解→调pH→有机溶剂萃取→离心→榛子仁油

操作要点：

榛子仁乳液的制备：将去皮的榛子仁粉碎，用水浸泡，使其充分吸水，然后对其进行水磨，得到用于酶解的榛子仁乳液。

氢氧化钠去皮工艺：为了有利于水溶性色素的排出，使种皮纤维软化，有利于脱皮处理及有效去除苦味，采用在浸泡温度80℃条件下、3%氢氧化钠碱液浸泡1.5min后去皮的工艺。

榛子仁乳液分离蛋白的酶解：利用榛子仁蛋白质在酸性条件下沉淀时会吸附大量油脂的原理，先将榛子仁蛋白质从榛子仁乳液中分离出来，再对榛子仁分离蛋白进行酶解萃取提油。为提高分离蛋白的含油量，以利于油脂的提取，应采用合理的酶解时间、酶解pH、酶解温度及酶的用量。固定萃取条件的情况下，酶用量1500IU/g、乳液pH 7.0、温度45℃、在3000r/min搅拌下酶解2h为最适的酶解提油条件。在此条件下进行试验，榛子仁乳液油脂的提取率接近90%。

酶法提取植物油的应用前景十分诱人，特别是应用于像榛子仁这样油脂品质佳、蛋白质量优且含量高的油料，具有十分显著的社会效益和经济效益。

(三) 榛子果酒

1. 工艺流程

榛子→晒干→去外皮→破碎取仁→浸泡→脱皮→磨浆→液化→糖化→澄清过滤→调整成分→前发酵→后发酵→分离→贮藏管理→过滤→装瓶→杀菌→成品

2. 操作要点

原料的前处理：采集时，要求选择无虫害、无霉变、九成熟以上的榛子，在通风处晒干，去其外皮即为干果，然后采用锤式破壳机将干果破碎，除去仁壳和碎屑得榛子果仁。

浸泡、脱皮：将果仁置于50℃的温水中浸泡3~4h，取出后用人工方法去其内衣得白色果仁。

磨浆：采用胶体磨对榛子果仁进行磨浆，果仁与水的质量比为1∶10，同时为抑制有害微生物的活动和多酚氧化酶的活力，加入质量分数0.01%的偏重亚硫酸钠来释放二氧化硫。

料液糖化：将果仁浆用α-淀粉酶进行液化，然后加葡萄糖淀粉酶进行糖化，测定其DE值。

澄清过滤：先用一层纱布过滤去渣，再用四层纱布过滤去渣。

调整成分：将澄清过滤后的汁液倒入发酵罐中，汁液体积不超过发酵罐的4/5，以免发酵时溢出。取样分析，用蔗糖调整糖度为20g/100g，用柠檬酸调pH为4.0。

前发酵：向发酵罐中投入活性干酵母，充分搅拌后开始前发酵。发酵温度控制在25℃，时间为6d。此时，发酵液中残糖含量约为0.5g/100g。

后发酵：前发酵结束后，进行倒罐分离，分离液进入后发酵。温度控制在25℃，时间为30d。发酵结束后，取样进行酒度、糖度等各项理化指标检验，要求残糖含量低于0.1g/100g。

贮藏管理：后发酵结束8~10d后，各类杂质在自身重力作用下下沉到罐底，同时进行下胶澄清；分别配制质量分数为0.4%的明胶溶液和0.4%的单宁溶液按比例加入，静置7d后，将杂质分开。

过滤、装瓶和杀菌：陈酿结束后，将果酒过滤后装瓶，然后进行巴氏杀菌，温度控制在65℃，时间30min。杀菌结束后，转入保质期试验。

（四）榛子发酵乳饮料

利用榛子果仁和沙棘鲜果为原料，以嗜热链球菌和保加利亚乳杆菌作为发酵菌，进行混合发酵，生产出营养丰富、具有榛香和沙棘果特有香气的功能性保健饮料。

1. 工艺流程

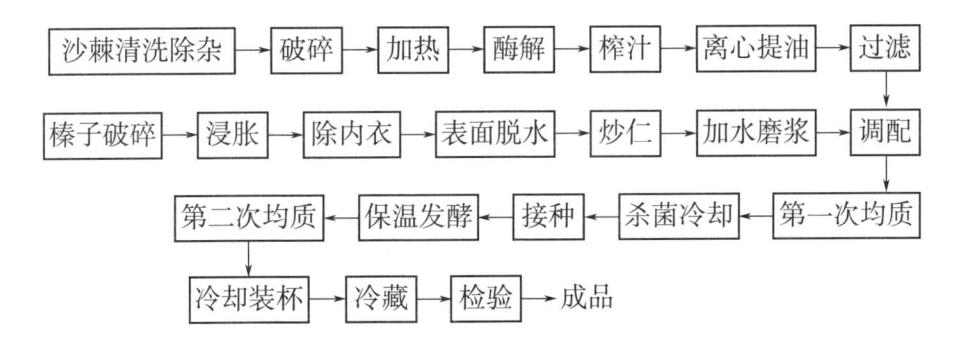

沙棘清洗除杂 → 破碎 → 加热 → 酶解 → 榨汁 → 离心提油 → 过滤

榛子破碎 → 浸胀 → 除内衣 → 表面脱水 → 炒仁 → 加水磨浆 → 调配

第二次均质 ← 保温发酵 ← 接种 ← 杀菌冷却 ← 第一次均质

冷却装杯 → 冷藏 → 检验 → 成品

2. 操作要点

原料清洗除杂：要求沙棘果达到九成熟，果实金黄色或黄色，剔除腐烂、病虫果，注意不要损坏果皮。果实入洗池中，浸泡冲洗，漂洗去叶、枝等杂质后再淋洗干净。

破碎：采用破碎机压破沙棘果果皮而不压破种子。选择无虫害、无霉变、九成熟以上的榛子果为原料。在通风和阳光充足处晒干，用锤式破壳机破碎，除去壳和碎屑，得榛子果仁。

浸胀与除内衣：将榛子果仁置于浸泡罐内，在45~55℃的温水中浸泡3~4h，浸泡过程中应使榛子果仁始终浸于水面之下。浸胀的果仁在搅拌器内，在无水条件下机械翻搅，使内衣分离脱掉，然后用水洗除内衣得白色果仁。

表面脱水与炒仁：先用离心机甩干果仁表面的水分，再用滚动式炒锅对已脱水的果仁加热烘炒，烘炒初期由于含水量大，故要求火旺一些，并随着水分的蒸发而逐渐降低火势，最后微火烘炒，炒至果仁发黄，有一定的香气时停止。此时果仁的含水量仍高于干果，体积也大于干生果仁。

加热、酶解：采用高温瞬时加温法，将沙棘果汁快速升温到90℃，保持5~10min，之后冷却至50℃时加入0.04%的果胶酶制剂，保温3~4h。

榨汁、离心提油：采用带式压榨机榨出沙棘果汁，然后用碟式离心机分离提取出大部分果油。

调配与第一次均质：按配方将液料置于夹层罐内，加热至55~60℃，将藻酸丙二醇酯过筛并与白砂糖混拌均匀，用60℃水搅拌溶解后缓慢地加入并不断搅拌，使浆料混合均匀。在高压均质机内用200MPa均质处理料液至粒径2μm左右，达到均匀、乳化和细腻的组织状态。

杀菌冷却：将均质料液加热到95℃，杀菌6min，再冷却至43℃。

发酵剂制备：

(1) 乳酸菌纯培养物的制备和活化：将保加利亚乳杆菌和嗜热乳酸链球菌按1:1分别接种到灭菌鲜牛乳中制成菌悬液。然后以无菌操作装入干热灭菌安瓿瓶中，冷冻真空干燥制成菌片。将安瓿瓶火焰封口后，于0~5℃冰箱中保存备用；乳酸菌纯培养物经过一定时间保存后活力会减弱。因此，要反复接种以恢复其活力。菌种复活的方法是：在无菌操作条件下打开安瓿瓶口，将菌种纯培养物少许转移到灭菌鲜牛乳培养基中，于42℃恒温培养12h。培养基凝固后，再按本方法移植3次。

(2) 乳酸菌母发酵剂的制备：取鲜牛奶300mL，装入经160℃/h干热灭菌的500mL三角瓶中，1kg/cm² 蒸汽灭菌20min后，迅速冷却至42℃，用灭菌吸管定量吸取充分活化的乳酸菌纯培养物于上述500mL三角瓶中，42℃恒温培养12h后，再移植到另一只装有灭菌鲜牛乳容器中,如此反复接种3次,使乳酸菌保持较强活力,用于制备生产用发酵菌剂。

(3)生产用乳酸发酵菌剂的制备:取实际生产量1.5%的鲜牛奶,装入经过灭菌的生产用发酵菌剂容器中,90℃/40min灭菌后冷却到40℃,在无菌操作条件下添加定量乳酸菌母发酵剂,充分搅拌均匀混合后,于42℃恒温培养12h。

接种发酵:在密闭管内由转换阀将42℃的料液送入保温培养发酵罐内,通过计量泵按3%的接种量接入发酵剂,料液在41~42℃时保温发酵2~3h。

第二次均质、冷却灌装及冷藏:在160MPa的压力下将发酵好的料液进行第二次均质,使产品具有良好酸乳性饮料的细腻胶体性能。均质好的料液在板式换热器内冷却至6~9℃灌装封口。将杯装酸乳饮料迅速送入5~7℃的冷库中,经检验后出厂。

3. 产品质量指标

感官指标:色泽:乳黄色;状态:呈均匀稳定的乳浊液,无杂质异物,不分层;风味与口感:具有独特的榛子果仁烤香、沙棘果香和乳酸菌饮料应有的滋味及芳香,无任何不良异味,甜酸适口,口感细腻。

理化指标:总固形物含量≥16%,pH 4.2~4.7,含氮物质≥3%,维生素C≥60mg/100g。

微生物指标:细菌总数≤100cfu/mL,大肠菌群≤100cfu/mL,致病菌不得检出。产品保质期15个月。

四、榛子的综合利用

(一)榛子中的紫杉醇

美国科学家研究发现,野生的山榛子有望成为提取抗癌药物原料紫杉醇的新植物资源。美国俄勒冈大学化学系的研究人员报道,已经从这种满山遍野生长的山榛子的树皮、树枝和树叶中分离出了紫杉烷和紫杉醇等活性成分,为紫杉醇的药用新资源的开发带来了新的希望。紫杉醇的提取通常采用冷浸提取法、超声波提取法和超临界CO_2萃取法,但其提取工艺仍处于实验室阶段,距离生产实践还有一段距离。

(二)榛子中的榛子酮

榛子酮从天然的烤榛子中提取,可以作为天然食用香料,其化学名称为5-甲基-2-庚烯-4-酮。其香气特征为甜香,烤榛子香气,浓郁的坚果香并带有烘烤过的坚果皮香气;其尝味特征为优雅的烤榛子坚果香,带有澳洲坚果和美洲山核桃的香韵。

第三节 松　　子

红松（P. koraiensis）和偃松（P. pumila）都是松科中的 5 种石松（Storbus 亚属，Cembrae 组）之一（图 4-3）。

图 4-3　松子

红松子又称为海松子、新罗（朝鲜）松子，主产于我国长白山、小兴安岭等地区，松龄可达 500 年。我国食用松子已有 3000 多年的历史。

偃松是松科松属的一种常绿蔓生性灌木，其分布接近高山冻原地带，构成北寒温带最耐寒的植被群落。在我国集中生长在大兴安岭海拔 640~1500m 的山地。我国小兴安岭、张广才岭、长白山的个别高山以及俄罗斯、朝鲜、日本等国也有分布。偃松的球果卵状圆锥形，长 3~6cm，径长 2.5~3.5mm，成熟期在 9 月。种子三角状卵圆形，微扁，无翅，长 7~10mm，径 5~7mm。种仁营养丰富，是优良的滋补营养保健品，对治疗便秘、风湿性关节炎、肺燥咳嗽和心脑血管疾病有一定的疗效，同时具有强身健体、抗衰老的作用。

一、红、偃松化学成分与功能特性

红松子仁营养价值高，营养成分含量以每 100g 计：蛋白质 19.51g，脂肪

69.13g，碳水化合物 8.17g，粗纤维 2.6g，维生素 C 为 18.8mg，维生素 B_2 为 0.40mg，另外，还含有亚油酸、亚麻酸等不饱和脂肪酸和多种氨基酸（表 4-5）；其微量元素含量丰富，其中镁含量较高为 2mg/g，锰为 83μg/g，锌为 77μg/g，铁为 85μg/g。《本草纲目》记载："松仁性温。味甘，无毒。主治关节风湿，头眩，润五脏，逐风痹寒气，补体虚。滋润皮肤，久服轻身不老。"红松子仁是药物制剂、日用化妆品、高级工业用油和保健食品的重要原料。

表 4-5　红松子仁蛋白质中氨基酸含量　　　　　　　　　　单位：g/100g

氨基酸名称	含量	氨基酸名称	含量
赖氨酸	2.7~3.3	组氨酸	2.2~3.2
精氨酸	13.8~16.9	天冬氨酸	11.2~13.9
苏氨酸	2.3~3.5	丝氨酸	4.8~5.4
谷氨酸	15.0~16.9	脯氨酸	4.3~5.2
甘氨酸	3.8~3.9	丙氨酸	4.3~4.9
缬氨酸	4.7~5.2	甲硫丁氨酸	1.1~1.8
异亮氨酸	3.5~4.7	亮氨酸	6.4~7.9
苯丙氨酸	3.4~3.7	酪氨酸	3.6~4.0
色氨酸	1.3~1.4		

　　以前因为偃松不能成材，所以仅被作为防护林或没有经济开发价值的非目的树种。近年来，随着偃松种子丰富的营养价值不断被发现，偃松的身价大幅上涨。偃松种子的营养价值十分丰富，松子含蛋白质 13.4g/100g（蛋白质含谷氨酸、精氨酸、亮氨酸、天冬氨酸、丝氨酸、缬氨酸等多种氨基酸），脂肪 70.6g（脂肪含亚油酸、油酸、棕榈酸、顺油酸、硬脂酸、亚麻酸），碳水化合物 2.2g，胡萝卜素 10μg，维生素 E 170.42IU，B 族维生素 0.0762mg，维生素 C 0.4020mg，钙 78mg，磷 569mg，铁 4.3mg，锌 4.61mg，且其脂肪大部分为亚油酸酯、亚麻酸酯等不饱和脂肪酸酯，为滋补营养佳品。另外，松子性温，具有养阴、息风、润肺、滑肠等功效，可治疗风痹、头眩、燥咳、吐血等症，具有一定的药用功效；对治疗便秘、风湿性关节炎、心脑血管疾病有一定的疗效，同时具有强身健体、抗衰老的作用。偃松种子属中粒种子，经测定其干粒重为 108.7mg，出仁率为 45% 左右，高于红松（33.8%）。另外，偃松顶芽可入药治疗肺病；松子浸提的植物油是极好的食用油和工业用油，可广泛应用于油漆、医药、皮革、油墨、蜡烛等行业，其质量优于石油

化工所生产的油脂。

二、松子的采收与贮藏

松子的成熟期依气候条件的不同而略有差异,一般在9月中下旬。成熟的松子种仁饱满,出仁率高,出油率高,有利于加工,商品价值高。采收多为人工采收,用长木杆直接击落松塔,机械脱粒,所得果实可直接食用或继续加工。

三、松子加工产品

(一) 偃松仁粉

1. 工艺流程

松子→破壳去渣→碱液、油酸钠浸泡→酸中和→水冲洗→粗磨→精磨→浆渣分离→一次均质→二次均质→低温浓缩→真空干燥→粉末冲剂

2. 操作要点

以3份1%~2%浓度的氢氧化钠和1份0.5%~1%油酸钠溶液混合,94~96℃处理5~6min,可脱去偃松仁的蜡脂内衣,脱蜡后,在50℃水中浸泡5~6h(pH 6.8~7.8),经80目的粗滤、120目的细滤,加水75%~80%,94℃以上条件下磨浆,随后在80℃、真空度0.09MPa条件下进行真空脱气,在75~80℃、28~30MPa及38~40MPa条件下两次均质达到50μm以下,将均质后的乳液在温度为60℃、真空度为82.66kPa条件下浓缩,最后在温度为50~60℃、真空度为90.66~98.66kPa条件下进行干燥使产品成为粒状或粉末状冲剂。

3. 偃松仁粉微胶囊化

针对偃松仁中的高油脂含量和易氧化的特点,采用了油脂胶囊化包埋技术,将易氧化的不饱和脂肪酸成分包埋于致密的壁材中,呈微胶囊形式,把不饱和脂肪酸与空气中的氧气完全隔离开来,从技术上解决了松仁的油脂腐败问题,使其生理价值得以保证,产品的保质期也大大延长。有资料研究表明,偃松仁粉微胶囊化的乳化工艺可选用大豆分离蛋白和麦芽糊精作壁材,单甘酯和蔗糖酯作为乳化剂,乳化条件为单甘酯和蔗糖酯添加量为0.7%(比例为1∶4),乳化温度为40℃,乳化时间为3min。

(二) 松仁蛋白乳

松仁饮料属于坚果仁非酒精的植物蛋白饮料,口感独特,具有松仁清香奶味,是一种天然营养保健饮料。松子经脱壳去杂后,松子仁应符合的质量要求为:表面光泽,颜色洁白,无污染及霉变;子仁饱满均匀,百粒质量应大于120g;香味纯正;无酸败异味;口感软硬适度;水分含量不大于2.7%。

1. 工艺流程

松子→脱壳除杂→脱内膜→清洗软化→磨浆→浆渣分离→浆液调配→均质→灌装→灭菌、冷却→质检、成品

2. 操作要点

脱壳除杂：松子经脱壳机脱壳后，筛选热烫。在加有去皮剂的水中热烫数分后冷却去皮，同时拣除杂质，得到合乎质量要求的松子仁。去蜡质内衣的方法除蒸汽法外还有机械法和化学法，其中化学法是采用氢氧化钠浓度1%~2%，油酸钠浓度0.5%~1%，氢氧化钠溶液量：油酸钠溶液量为3∶1，混合液作用温度94~96℃，作用时间5~6min。

清洗软化：用清水浸泡，使松子仁吸水软化以利于磨浆，并提高得率。

磨浆：入砂轮磨或钢磨中粗磨，粗磨时加入3~5倍蒸馏水，磨至呈均匀状时送入胶体磨中精磨磨浆，同时加入亚硫酸钠护色剂，防止褐变。磨浆和乳化的用水量控制在配料总用水量的50%左右。

浆渣分离：在浆渣分离机上作浆渣分离，弃除残渣，得浆液。

浆液调配：调配不仅是为了调节松仁饮料的口感和风味，而且可以在浆液中加入乳化剂使油脂混溶于饮料中，防止成品中脂肪上浮和蛋白颗粒的聚沉。加入酸味剂可增加蛋白质的稳定性，还可加入甜味剂、增稠剂、品质改良剂。风味增强剂要在最后一道工序中加入，以免在加热处理时，香气成分挥发。调配时一定要混合均匀，以免影响松乳的感官性状。

均质：调配好后用高压均质机均质，高压均质不仅可以使浆液颗粒进一步微化，而且有利于稳定剂与蛋白质结合，能够提高产品的乳化稳定性。一级均质压力为25MPa左右，二级均质压力20~25MPa。

灌装：清洗消毒瓶子、瓶盖，保证产品卫生质量。

灭菌：采用高温瞬时灭菌机，减少灭菌时间。同时保证产品中的蛋白质不沉淀以及松仁的营养成分。

冷却：冷却至室温，在常温下存放2~3d。

质检：根据产品质量标准，检查无变质、沉淀、分层等现象，保证成品质量。

(三) 松子油（水剂法）

红松种仁含油量在62%~72%之间，平均含油量是东北地区100多种油料植物之首。含油量超过黄豆，其油脂量可与橄榄油媲美。偃松子含油率为24.6%。松子油的主要用途是制造保健食品、用于化妆品原料及添加剂和高级润滑剂等；球果能提炼高级松脂油，而且从中可获得萜烯和树脂酸。10kg的偃松子仁用清水浸泡1h，滴干后烘炒50min，经磨浆加入90~95℃的稀盐水5kg，可提取偃松子油5kg以上。

用水剂法提取的偃松子油清香纯正、营养丰富，是高级的调味佳品。不饱和脂肪酸含量达85%，酸价低，不精炼即可作调味食品或食品添加剂直接食用。

1. 工艺流程

松子→ 清洗 → 漂洗 → 浸泡 → 滴干 → 炒料 → 去渣 → 磨浆 → 兑浆搅拌分油 （浆液→ 高温灭菌 → 加工蛋白饮料或食品添加剂 ）→松子油

2. 操作要点

清选：松子剥壳分离后，除去杂质，纯净种仁要求不含种皮等杂质。

漂洗：漂洗除去种仁中残留的杂质，如灰、土等。

浸泡：将松子仁在水中浸泡 1~2h，以利于其蛋白质变性，延长炒料时间，避免发生焦糊现象。

滴干：取出浸泡的松子仁，滴干 30~60min，以不滴水为准。

炒料：炒料时先用急火，待熟度达 80%时再用小火；用手捏松子仁酥脆、表面棕黄色即可。

去渣：炒后筛除仁中的焦糊微粒，以免影响蛋白质量。

磨浆：将炒熟的松子仁置于石磨中研磨，粒度越细越好。

兑浆搅拌分油：该工序是松子油出率高低的关键，操作不当会少出油甚至不出油。根据试验发现，在兑浆锅中加入的稀盐水（提取剂）量以浆料重量的 40%~60%为宜，盐水的温度一定控制在 90~95℃，同时加强搅拌，当稠度下降后减慢搅拌速度；待大部分油上浮后倾出油脂，经振荡后进一步分离，浆液经高温灭菌后可加工成植物蛋白饮料或食品添加剂。提油后的浆液经加工，可以制成植物蛋白含量较高的饮料（如偃松露）、高蛋白偃松果粉和食品添加剂。

（四）松子油（溶剂浸出法）

1. 工艺流程

开口松子→ 剥壳取仁 → 6号溶剂油浸出 → 浓缩 → 碱炼 → 脱色 → 脱水 → 脱臭 →微胶囊化

2. 操作要点

碱炼：采用低温碱炼，在毛油中加入 5%左右的氢氧化钠溶液少量，后加水进行水洗。

脱色：使用活性炭的吸附效果好，但吸油率也较高，且价格昂贵，过滤速度慢。因此建议与活性白土混合使用。由于松子油高度不饱和油脂的特性，脱色宜在真空状态下进行。因为饱和程度低的油脂的氧化稳定性较差，吸附剂往往会强化油脂的自动氧化，所以脱色前应尽量除去油脂中的空气，在真空下脱色。若在常压下脱色，则应在油加热前就加入吸附剂，使色素在氧化前即被吸附。

脱臭：若脱臭的真空度高，在180℃左右会发现油色变深。究其原因，可能是油中所含胶质所致。而油中主要胶质是磷脂，它的存在不仅会增加碱炼时油分的损失，也会在脱色时覆盖吸附剂的部分活性表面，使脱色效率下降。脱臭时温度较高，胶质也会发生炭化增加油脂的色泽。因此，在碱炼前应脱胶。

微胶囊化：按配方将芯材与壁材配成乳状液，均质时压力控制在40MPa；在GLZ-5型高速离心喷雾干燥机内喷雾干燥时，进口温度240℃，出口温度80~90℃，进口温度过低会使产品水分含量偏高。通过恒流泵控制喷雾干燥的进料量在150mL/min为宜，若进料量太小，可能使产品颗粒度大、水分低；太大则可能会使干燥效果与产品的流动性不好。以阿拉伯树胶、麦芽糊精为壁材，不添加乳化剂制备的松仁油粉末油脂的微胶囊化效率高。

（五）松仁罐头

1. 工艺流程

原料→去壳→去皮→脱涩→装罐→排气→封罐→杀菌→冷却→检验→成品

2. 操作要点

原料选择：选择干燥、无虫、无伤、无霉变的完整饱满的松子仁为原料，剔除杂质。

去皮、脱涩：选好的原料用50℃左右温水浸泡3~5d，中间换水1~2次脱除涩味，再将其放入沸水中煮1~2min，捞入冷水中冷却，用手工、机械或化学方法去皮、清水冲洗、沥净水分备用。

装罐：筛出破碎粒后称量装罐，每罐装240g，再加入调配好的调味汤汁260g，柠檬酸调pH至5~5.5，保持顶隙6~8mm。

排气、封罐：将装好的罐放入排气箱中进行排气，当罐中心温度达85℃以上时，立即用封罐机将口密封，也可用真空封罐机封口，真空度53.38kPa以上。

杀菌、冷却：罐头密封后立即送入杀菌釜中进行杀菌处理，杀菌后玻璃罐用热水分段冷却至40℃左右即可。

保温、检验：产品送入（37±2）℃的保温库中保温5~7d，进行检验，剔除胖罐、漏罐、汁液混罐等不合格品，合格品装箱入库。

（六）松仁软罐头

1. 工艺流程

原料→浸泡→预煮→去皮→脱涩→漂洗→套糖→油炸→甩油、包装

2. 操作要点

原料选择：用人工或振荡筛选择大小均匀一致、无虫蛀、无霉变的干燥松子仁，去除杂质。

预煮、去皮：选择好的原料放入沸水中预煮1~2min，捞入冷水中冷却，用手工或化学法等去皮，然后用50℃左右温水浸泡2~3d，每天换水1~2次，收集沥干水分的松子仁备用。

套糖：将白砂糖50kg、液体葡萄糖5kg、蜂蜜1.5kg、柠檬酸30g、精盐2kg放入不锈钢锅中，加热搅拌让其溶解，沸腾后放入沥净水分的松子仁小火煮10~15min。离火时糖液浓度应在75%以上，捞出后沥去糖液，冷却备用。为了避免返砂现象，套糖时不宜大力搅拌，上下翻动几下即可，套糖后冷却至20~30℃方可油炸，否则糖易溶于油中；但冷却温度也不宜太低，否则易结块。

油炸：将已套糖的松子仁放入筐中，松子仁与筐一起放入温度为150~160℃的油锅中，等松子仁炸透而不焦糊，呈琥珀色，光亮一致时捞出，放入竹筛控油，并迅速冷却至60℃左右，并不时翻动，防止粘连。

甩油、包装：将油炸好并适当冷却的松子仁进行离心甩油2~3min，甩去表面部分油，称量后装入软包装袋内，抽气密封即为成品。

（七）松子仁羹

1. 工艺流程

原料选择→预处理→磨浆→制羹→包装→成品

2. 操作要点

原料选择：选用无霉烂、发芽的松子仁30份，白糖80~100份，红小豆25份、琼脂或食用胶35份，以及物料总量0.08%的苯甲酸钠。

原料预处理：在制作前8~10h，将琼脂粉碎成小块，浸泡于为其重量20倍的水中，待琼脂充分吸涨，5~6h后，将其加热至90~95℃，以加速其溶化，若杂质较多，应在溶化后过滤，并适当增加琼脂用量。

将红小豆洗净，剔除杂质，放入锅中煮烂后捞起，用粉碎机破碎后，用筛孔为0.8mm的筛子过滤，筛去豆皮制成豆泥浆，再用压榨机滤除水分，制成豆沙。

将脱涩处理的松子仁置沸水中预煮30~40min，以松子仁煮熟为宜。用不锈钢磨或石磨将煮好的松子仁磨成浆，磨浆时加少量水，减轻浆体粘磨现象。加入适量糖在松子浆中，文火熬煮，边熬边搅拌，以保持受热均匀，当浆体固形物浓度达65%~67%，温度在101~102℃时出锅。沸水将苯甲酸钠溶解备用。

制羹：将琼脂、白砂糖、豆沙掺在一起搅拌均匀，取其总量1/20的水注入锅中加热，并将混合物加入，加热熬制，在加热过程中不断搅拌，防止豆沙沉底焦糊，加热至105℃时，迅速将松子浆和苯甲酸钠投入锅中，搅拌均匀后起锅，迅速将物料浆注入衬有锡箔纸的铁制或硬质塑料模具中，模具的规格可依需要规定，30~40min后，料浆冷却凝固，即可包装入库。

四、松子的综合利用

红松松子壳中含有一种酸性多糖，民间很早以前就流传用松子壳煮水治疗胃癌，现代研究也已证明该多糖具有较强的抗肿瘤、抗菌和抗病毒作用，对感染也具有一定的保护作用。同时，该多糖细胞毒性极低，原料来源广泛，具有很好的生物活性和临床应用前景。但该类多糖提取条件研究目前仍处于实验室阶段，有研究报道红松子壳酸性多糖提取最佳条件为浸提温度80℃，时间2h，固液比为1∶3.5，反复浸提2次。据报道该工艺稳定性好，酸性多糖得率高。

第五章　药食同源植物的加工及利用

中医向来有"药食同源"之说，认为许多食物本身其实就是良好的药物，也就是说食物就是我们天然的医生。在上古时代，食物与药物是分不开的。当时人们处于一种以觅食为生的最原始的生活方式，人们在寻找食物的过程中，也发现了一些药物。不仅如此，他们也认识到许多食物既可以食用，也可以作为药用，这类食物不但能补养身体，填腹充饥，而且能医治一些简单的病症。也有一些能治病的中药，同时具有食养作用，至今仍被视为药食兼用之品。这些完全可以从我国最早的中药学专著《神农本草经》中找到根据。成书于东汉的《神农本草经》记载："上品120种为君，主养命以天，无毒，多服久服不伤人，欲轻身益气不老延年者，本上经。中品125种为臣，主养性以应人，无毒有毒，斟酌其宜，欲遏病补虚羸者，本中经。下品125种，为佐使，主治病以应地，多毒不可久服，欲除寒热邪气，破积聚愈积者，本下经。"在上品之中，就有大枣、葡萄、酸枣、海蛤、瓜子等22种食品。中品内有干姜、海藻、赤小豆、龙眼肉、粟米、螃蟹等19种常食之物。下品中也有9种可食物品。

由此不难看出，食物与药物之间有时很难严格区分。这就是"食药同源"的缘故。药物的发现，是古代人类在生存斗争中用劳动创造的成果。"神农尝百草，一日而遇七十毒"，正是人类这一实践过程的体现。药物与食物同出一源，本有着密切的关系。药膳在我国也有着悠久的历史。早在西周时期，宫廷内就有"食医"专门为帝王后妃们配膳，以求长生不老。战国时期的《吕氏春秋·本味篇》中就有姜、桂是调味品，也是发汗解表之药的记载。"食疗本草""饮膳正要"等词古已有之。《素问·脏器法时论》中记载，"五谷为养、五果为助、五畜为宜、五菜为充，气味合而服之，经补精益气"，也都阐明了"医食同源"的道理。所以，从广义的角度来说，食物也是药物，它不仅与药物一样，来源于大自然，同时很多食物也具有四气五味的特性，也能治疗疾病。直到今天，仍有很多食物被医家当作中药来广泛使用，如大枣、百合、莲子、芡实、山药、白扁豆、茯苓、山楂、桑葚、生姜、葱白、桂圆等。同样，也有不少中药，人们也常当作食品来食用，如枸杞子、首乌粉、冬虫夏草、薏米仁、金银花、西洋参等。药膳不仅在国内受到消费者青睐，而且已走出国门，在日本、东南亚一带很受欢迎，广受当地华裔与华人的重视，成为中华民族博大精深饮食文化的又一奇葩。

食与药疗紧密结合是我国传统医学的特色。食物治病妙在没有副作用，而且方便易得。以加工的食物性能预防和治疗疾病是中医治疗的组成部分之一。近年兴起的功能食品、保健食品与传统的饮食疗法在内涵上被认为是一致的，传统的药食同源食物资源已有许多产品被开发、投放市场并形成产业化。这类产品已经对有效成分进行了分析，通过了功能性和安全性试验，在调节人体生理功能、防治疾病等方面表现出良好的效果，因此这些新的药食同源食物加工成的产品将更具有竞争力。

我国幅员辽阔，物产丰富，拥有大量的药食同源植物资源，如果能够深入、系统地加以开发利用，必然会带来巨大的经济效益和社会效益。从历史和现实看，介绍食疗和医疗保健方面的书很多，但介绍药食同源的一些资源食物工业化产品加工技术和方法的书比较少，为此本章将对我国一些代表性的药食同源植物功能性成分的提取及加工利用、产品特点加以介绍，以供从事食品加工以及新产品开发、保健食品研究与开发的科研人员、中医药科技工作者和护理人员、大专院校师生参考和阅读。

第一节　国家规定的药食同源植物

根据《中华人民共和国食品卫生法（试行）》第八条规定，按照传统，既是食品又是药品的物品名单如下：

第一批"既是食品又是药品"名单：八角、茴香、刀豆、姜（生姜、干姜）、枣（大枣、酸枣、黑枣）、山药、山楂、小茴香、木瓜、龙眼肉（桂圆）、白扁豆、百合、花椒、芡实、赤小豆、佛手、青果、杏仁（甜、苦）、昆布、桃仁、莲子、桑葚、菊苣、淡豆豉、黑芝麻、胡椒、蜂蜜、榧子、薏苡仁、枸杞子、乌梢蛇、蝮蛇、酸枣仁、牡蛎、栀子、甘草、代代花、罗汉果、肉桂、决明子、莱菔子、陈皮、砂仁、乌梅、肉豆蔻、白芷、菊花、藿香、沙棘、郁李仁、薄荷、丁香、高良姜、白果、香橼、火麻仁、橘红、茯苓、香薷、薤白、红花、紫苏。

第二批"既是食品又是药品"名单：麦芽、黄芥子、鲜白茅根、荷叶、桑叶、鸡内金、马齿苋、鲜芦根。

第三批"既是食品又是药品"名单：蒲公英、益智、淡竹叶、胖大海、金银花、余甘子、葛根、鱼腥草。

第二节　桑　　葚

桑树是多年生木本植物，在分类学上属双子叶植物，荨麻目，桑科，桑属桑种，是温带果树，原产于我国中部及北部。我国桑树种类、品种以及桑葚产量均位居世界首位。果桑在我国以白桑（*M. alba* L.）和黑桑（*M. nlgra* L.）为主。现已查明共有13个桑种（包括4个栽培种，9个野生种）和3个变种。除青藏高原外，全国各地均有栽培，主产于江苏、浙江、四川、湖南、河北、新疆等26个省、市、自治区。桑葚又名桑果、桑子、桑枣等，为桑树的成熟果实。花期3~4月，果实成熟期为5~6月，为聚花果。果实长1~5cm，呈椭圆形，成熟后为紫黑色或者玉白色。汁浓似蜜，甜酸清香。

一、桑葚的有效成分

桑葚的营养成分：鲜桑葚中含有大量的水分（80%~85%），此外还含糖类（9%~12%）、游离酸（1.86%）、维生素B_1（0.053%）、维生素B_2（0.02%）、维生素C（1.02%）、维生素A、维生素D、β-萝卜素、叶酸、芦丁、杨梅酮、桑色素、芸香苷、鞣质、粗纤维（0.91%）、蛋白质（0.36%）、花青素（主要为矢车菊素）、挥发油、磷脂、矿物质等成分，主要的挥发油为桉叶素（69%）和香叶醇（17%），主要的磷脂有磷脂酰胆碱（3.215%）、溶血磷脂胆碱（19.30%）和磷脂酰乙醇胺（15.91%）等。

传统中医认为，桑葚具有滋阴、补肝、补肾、补血、明目、乌发养颜、治疗失眠和神经衰弱、抗疲劳、防治便秘等功效。现代医学研究表明，桑葚具有增强免疫功能、促进造血细胞的生长、防止人体动脉硬化、抗诱变、降血糖、抗病毒、抗氧化及延缓衰老等作用。因此，桑葚是开发功能性食品的优质原料。桑葚现已被卫生部列入既是食品又是药品的保健品行列。

二、桑葚的采收与贮藏

（一）采收

1. 采收时间

桑葚成熟的标志是果色由红色变成紫红或紫黑色（白色果品种的成熟标志为少量桑葚果柄开始由绿色变成黄绿色时）。作为鲜果出售的桑葚，到完全成熟时采收最好，若需较长时间贮运的，可在八九成熟时采收；加工果汁的桑葚在七八成熟后即可采收。

2. 采收方法

作为鲜果出售的桑葚，必须用人工手摘、剪采法或网收法采收。剪采法的具体方法是左手拿小盘（或口杯）承接，右手用小剪刀剪断果柄，使桑葚轻落入盘（杯）中。网收法是在桑树四周空中布设孔径0.5cm的棉线网（或小蚕网），然后振动桑枝使成熟的桑葚落入网中收集，要防止摔破桑葚。以榨汁为目的桑葚可人工采摘或在桑树四周地面垫干净的薄膜,然后振动桑枝,使桑葚落下后收集。

(二) 贮藏

作为鲜果出售的桑葚,采下后应装入有支撑力的筐(盒)等容器中贮运,最好立即运送到市场出售。确需贮存时,可在 5~10℃ 的低温下保鲜贮藏 3~4d 或 2~5℃ 的低温下保鲜贮藏 1 周。榨汁用的桑葚,采收后应立即榨成果汁后贮藏。

三、桑葚的加工及利用

桑葚由于营养丰富,且在整个生长周期内基本不喷洒农药,是理想的"绿色食品"。桑葚中含有丰富的糖、酸和多种维生素、氨基酸、微量元素和矿物质、黄酮类等,尤其是硒的含量为百果之首,可作为多种食品、保健品的原料。

(一) 桑葚饮料

1. 工艺流程

选果→清洗→热烫杀菌→冲洗→破碎(打浆)压榨→渣汁分离过滤(粗)澄清→调配→脱气→过滤→均质→装罐→杀菌→冷却→成品

2. 操作要点

护色:打浆前添加一定量的酸和 D-异抗坏血酸钠进行护色。

调配:将贮存或加工的桑葚果汁由管道通入保温桶内,桶内有加热器和搅拌装置。首先加水稀释果汁,原果汁含量不低于 10%,加白砂糖、柠檬酸等配料,并不断搅拌,使糖完全溶解,此时的可溶性固形物为 14%~16%。配方为 30% 桑葚汁、13% 砂糖、0.3% 柠檬酸和 0.1% 抗坏血酸时,可得到最佳的清澈透明的果汁。

过滤:调配好的果汁经过滤机过滤分离,除去残留的杂质。

均质:过滤后的果汁,经均质机均质,使细小的果肉进一步破碎,保持果汁的均匀浑浊状态。均质机压力为 9.80~11.77MPa(如不经过均质过程即得浑浊型果汁饮料)。

装罐:果汁灭菌后立即进行热罐装,封口。

杀菌:封口后尽快杀菌(半小时内),杀菌公式(5′—10′)100℃,快速冷却至 40℃ 左右,入库贮存。

桑葚果汁饮料,在加工过程中不含任何香精、人工色素等食品添加剂,是一种纯天然果汁,具有"天然、安全、有效"的特点,完全符合当今世界第三代保健饮料的发展方向,且在酸、甜度上做了相应调配,符合现代都市人饮用习惯和口味。桑葚果汁可分为原果汁、浓缩汁,浓缩汁可按一定比例配制成各种桑葚饮品。

(二) 桑葚果酒

1. 工艺流程

鲜果验收 → 清洗、挑选 → 破碎（加二氧化硫）入罐 → 成分调整（白砂糖、二氧化硫、菌种） → 发酵 → 倒罐 → 陈酿 → 倒罐 → 下胶 → 过滤 → 陈酿 → 调配 → 贮存 → 冷冻过滤 → 精滤 → 除菌 → 灌装 → 成品

2. 操作要点

原汁调配：在发酵前要进行果汁调整。加糖：果汁含糖不足22°Bx的，要分批加糖调整到22°Bx；酸度调整：果汁的含酸量，在正常情况下要求0.8~1g/L，低于这个范围的加入柠檬酸进行调整。

主发酵（前发酵）：将调配好的果汁或破碎后调配好的果浆注入发酵容器，然后再加入果汁总量10%的人工酵母，搅拌均匀静置待其发酵，也可利用桑葚上的自然酵母发酵，即不经灭菌处理的果汁、果浆调配后注入发酵容器内，静置让其自然发酵。发酵容器上部要留一定的空间，以防发酵旺盛时发酵液溢出。果汁在25~28℃的条件下，经24h，气泡逐渐产生，发酵旺盛时形成"酒帽"上浮，果汁的温度逐渐上升并有发酵气泡声音。这时果汁甜味渐减，酒味增大，等待3~5d，果汁温度逐渐下降至室温，"酒帽"下沉。当发酵酒精体积分数达到10%以上，残糖在4%~5%时，主发酵终止。发酵所需天数，与温度有密切的关系，在30℃以内，随着温度的增高，发酵加快，所需发酵时间变短，若温度低于18℃，发酵则缓慢，应加温处理，促进发酵。主发酵开始时，应使发酵池充分通气，使酵母大量繁殖，加速发酵作用。可每天搅拌发酵液1~2次，2d后封闭发酵池，进行无氧发酵，提高酒精体积分数。

澄清：桑葚果酒除应具备色、香、味的品质外，还必须澄清透明。为了缩短澄清时间，通常采用加胶和过滤两种方法处理。①加胶：加胶的作用是将桑葚酒中的悬浮物沉淀，使酒变清。常用的几种加胶材料为蛋清、白明胶、鱼胶和琼脂。加鸡蛋清时，100L酒加2~3个蛋清。如果酒里的单宁少时，一般每加一个蛋清同时加进单宁2g。将蛋清用少量的酒溶解后倒入酒中搅拌，过1d后再加蛋清。静置8~10d过滤。②过滤：常用的有石棉和硅藻土过滤机。用高压酒泵将原酒送入过滤机，工作压力是：入口0.196~0.245MPa，出口为0.049MPa。过滤过程中要经常检查滤出酒的透明度，若发现酒有失光现象，应立即停止，重新拆洗过滤棉。

(三) 桑葚果渣中桑葚红色素的提取

目前我国对桑葚的利用绝大多数用于榨汁，榨汁后的果渣则被白白废弃，而桑

葚红色素是一种安全、无毒的食用天然色素,因此从桑葚果渣中提取桑葚红色素,可以综合利用下脚料,能够变废为宝。

1. 工艺流程

原料→ 冻藏 → 溶剂浸提 → 提取液 → 抽滤 →滤液→ 离心 →色素液

2. 操作要点

桑葚果渣中桑葚红色素的最佳提取条件是:以溶剂配比为含0.01%盐酸的80%乙醇溶液作提取剂,在料液比1:20、温度20℃、浸提时间1h条件下一级提取,提取率为93.07%。

第三节 决 明 子

决明子为豆科植物决明(*Cassia obtusifolia* L.)或小决明(*C. tora* L.)的干燥成熟种子,为临床常用中药。始载于《神农本草经》,性味甘、苦、咸、微寒,归肝、大肠经,具有清肝明目、润肠通便的作用。现代研究证明决明子具有降血压、降血脂、保肝及抑菌等活性,同时又可作为食品,是保健饮料的良好原料。

一、决明子的有效成分

大决明和小决明的种子均含蒽醌类、萘并—吡咯酮类、脂肪酸类化合物以及氨基酸和无机元素,主要成分为蒽醌类化合物,含量约占1%。兆中进等从日本决明子(*Cassia obtusifolia* L.)中分离出了13种化合物。目前,国内外学者已从中分离鉴定了21种蒽醌类化合物。其中游离蒽醌含量为0.01%~0.04%,结合蒽醌含量为1.01%~1.29%,决明子蒽醌苷元中主要含大黄酚(0.27%),其中小决明的大黄酚比大决明高6倍。

(一)蒽醌类

大决明中约含有蒽醌类成分1.2%。种子含大黄酚(chrysophanol)、大黄素甲醚(physcion)、美决明子素(obtusifolin)、黄决明素(chryso-obtusin)、决明素(obtusin)、橙黄决明素(aruantio-obtusin)、大黄素(emodin)、芦荟大黄素(aloe-emodin)、意大利鼠李蒽醌-1-O-β-D-葡萄糖苷(alatenin-1-O-β-D-glucopyranoside)、1-去甲基橙黄决明素(1-desmethylchryso-obtusin)、黄决明素2-O-β-D-葡萄糖苷。大决明中还含有葡萄糖基美决明子素、葡萄糖基黄决明素、葡萄糖基橙黄决明素、大黄素甲醚-8-O-葡萄糖苷、1-去甲基决明素、大黄酚-10,10'-联蒽酮、大黄素-8-甲醚、大黄酚-9-蒽酮。小决明中还含有大黄酚-1-O-三葡萄糖苷、大黄酚-1-O-四葡萄糖苷、美决明子素-2-O-葡萄糖苷。

(二) 萘并—吡喃酮类

决明中均含有红镰玫素（rubrofusarin）、决明子苷（cassiaside）、决明内酯（toralactone）、决明子苷（cassiaside）B 及 C、红镰玫素-6-O-龙胆二糖苷（rubrofusarin-6-O-gentiobioside）。

大决明中还有决明蒽酮（torosachrysone）、异决明内酯（isotoralactone）、决明子内酯（cassialactone）、2,5-二甲氧基苯醌（2,5-dimethoxyben-zoquinone）、决明子苷（cassiaside）B_2 及 C_2。

小决明中还含有红镰玫素-6-O-芹糖葡萄糖苷 {6-[α-D-apiofuranosyl（1→6）-O-β-D-glucopyranosyloxy]-rubrofusarin} 及 cassitoroside。

(三) 脂肪酸类

大决明种子含油 4.65%~5.79%，其中主要成分为软脂酸、硬脂酸、油酸和亚油酸。

(四) 非皂化物质

大决明种子含有十六烷到三十一烷、胆固醇、豆固醇、β-谷固醇、1,3-二羟基-3-甲基蒽醌。小决明油中还含有少量锦葵酸（malvalic acid）、苹果酸（sterculic acid）及菜子固醇（campesterol）。

(五) 糖及氨基酸类

大决明中含有胱氨酸、γ-羟基精氨酸、组氨酸，小决明中含有半乳糖配甘露聚糖、葡萄糖、半乳糖、木糖、棉子糖以及胱氨酸、天冬氨酸、γ-羟基精氨酸等。

(六) 无机元素

小决明中含锌、铜、锰、铁、镁、钙、钠、钾 8 种无机元素。

二、决明子的加工及利用

(一) 决明子水溶性多糖的制备

1. 决明子炒品粗多糖（MCP_1）的制备

原料经 70℃烘干水分后，于 140℃下烘烤 10min，粉碎，用乙醇和乙醚（1:1）混合溶剂回流除脂，备用。采用热水浸提法提取水溶性多糖，提取条件为：固液比为 1:30，80℃下浸提 2.5h，离心后残液以相同条件再浸提一次，合并上清液，浓缩至一定体积后，加入 5 倍体积的无水乙醇，置于 4℃中过夜，离心收集沉淀，沉淀物依次用丙酮、乙醚洗涤后，于 60℃下真空干燥得含少量杂质的多糖 C。将 C 配制成稀的水溶液，用氨水调节 pH 至 8.0，加入过氧化氢进行氧化脱色（37℃下保温 12h），透析除去过氧化氢，浓缩至一定体积，用 Sevage 法脱蛋白，两次对流水透析以除去溶液中的有机溶剂与小分子杂质。最后浓缩、加无水乙醇并离心收集沉淀，经丙酮、乙醚洗涤后，真空干燥即得 MCP_1。

2. 决明子生品粗多糖（MCP_2）的制备

原料经50℃烘干后粉碎，乙醇—乙醚混合溶剂除脂后热水浸提，浸提温度为50℃，其余同MCP_1的制备，浓缩与真空干燥时温度控制不超过50℃。

3. 决明叶粗多糖（MCP_3）的制备

将决明叶烘干后粉碎，除脂，余下操作同制备MCP_1。

（二）决明子中蒽醌类成分分离提取

1. 热水浸提法

热水浸提法即煎煮法，它操作简便，提取效率高。近年来，国内学者对决明子煎煮提取的加工预处理与提取条件的控制等因素进行了深入的研究。研究表明，温度越高，时间越长，粒度越小，游离蒽醌提取率越高。炒决明子比生决明子含量高。但煎煮法仍停留在经验水平上，其工艺参数（如浸泡时间、煎煮时间、煎出量等）无最佳量控标准。由于蒽醌类化合物的极性大，易把蛋白质、糖类、无机盐等易溶于水的成分提取出来，因此，热水浸提的蒽醌易霉变。并且由于蒽醌等有效成分易受热分解，因而工艺参数能够影响决明子泻热通肠的功效，导致产品质量或疗效的显著性差异。

2. 有机溶剂提取法

在实验室中，用有机溶剂在索氏提取器中提取决明子粉末中游离蒽醌的方法有：氯仿提取、甲醇提取、乙醚提取。一般认为氯仿提取蒽醌比乙醚提取专业性强，甲醇回流索氏提取决明子粉末中游离蒽醌的效果最好。有机溶剂萃取法是目前使用最广泛的方法，很容易实现工业化生产。但是，大量有机溶剂的使用会导致回收困难，并有环境污染、成本增加、有机溶剂残留等问题。

3. 现代提取技术

超临界萃取技术（SFE）是一种以超临界流体代替常规有机溶剂对目标组分进行萃取和分离的新型技术。其提取率高，产物无有机溶剂残留，有利于热敏性物质和易氧化物质的萃取，且蒽醌衍生物在超临界CO_2中有较好的溶解性，适用于决明子的萃取。目前，国内外采用超临界CO_2萃取蒽醌类活性成分已有报道，但对决明子中蒽醌的提取则少有研究。林洁茹提出的萃取工艺参数为：压力20MPa，温度35℃，解析温度45℃，得褐绿色油状稠膏。SFE技术用于决明子中主要成分蒽醌的提取仅处于试验探索初级阶段，还有待于今后进一步的研究和探讨。

微波萃取技术（ME）也是中药有效成分提取的一项新技术。它对不同形态结构中药的提取有选择性。研究人员对决明子微波萃取法与常用提取方法进行了比较，发现ME的提取率最高，是超声提取法的16倍，索氏提取法的3倍，水煎煮法的1.1倍。ME对中药决明子的提取具有高效、节能、省时的特点，可以在中药制药中进一步推广研究。

(三) 决明子保健果冻加工工艺研究

1. 工艺流程

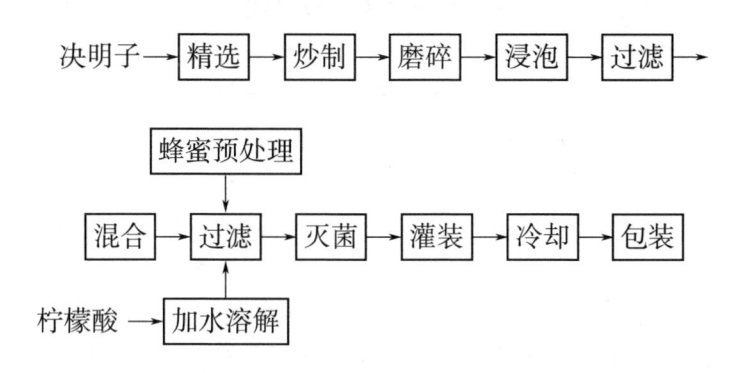

```
决明子 → 精选 → 炒制 → 磨碎 → 浸泡 → 过滤 →

              蜂蜜预处理
                 ↓
混合 → 过滤 → 灭菌 → 灌装 → 冷却 → 包装
        ↑
柠檬酸 → 加水溶解
```

2. 操作要点

蜂蜜的预处理：低热融蜜（水浴45~50℃，45min），使蜂蜜结晶熔化；粗滤：60目滤网，去除死蜂、幼虫、蜡屑等杂质；沉淀浮渣：39~43℃，保温30min，除去较重的颗粒杂质和较轻的泡沫；中滤：90目滤网；精滤：水浴55~60℃，40min，140目，除去细小颗粒，以延缓蜂蜜结晶；搅拌：速度为45~50r/min，使蜂蜜呈成分较均一的状态。

决明子浸提液制备：原料处理：对决明子进行精选，剔除泥沙、碎石等杂质，烘炒至微香，放凉，再磨碎至30~40目备用；浸提：浸提采用间歇式二次逆流浸提工艺，料水比8：1，水温90℃，60min。过滤备用。

胶液的制备：将市售明胶粉碎成微细粉末状，将称量的明胶边加水边搅拌，然后升温溶解制成胶液。

混合：为了保持营养及减少风味成分损失，应注意蜂蜜和柠檬酸加入的温度和时间。蜂蜜如过早加入并和明胶粉一起煮沸，会影响其营养成分以及风味物质的保留。酸的过早加入会导致凝胶强度急剧下降，主要原因是高温、高酸长时间的作用会使胶体水解。当胶液降到65℃左右时加入蜂蜜、柠檬酸为宜，加入时要搅拌均匀，以免造成局部酸度偏高，影响质量。

灭菌：蜂蜜中含有多种酶类，这些酶在人体中发挥着重要的作用，而大部分酶对热非常敏感，如淀粉酶经70℃以上温度处理，酶活力明显下降；蜂蜜中还含有大量的还原糖，一定量的蛋白质，胡萝卜素、叶黄素、叶绿素和叶绿素的衍生物，以及挥发油，而这些物质对热都很敏感。因此果冻的灭菌温度选择为65℃，时间保持30min。在此操作条件下，能完全杀死酵母而不影响淀粉酶值。

调配色、香、味：决明子经烘烤后具有浓厚的咖啡香气，故俗称假咖啡，可以经适量焦糖色素的调配，制成风味独特的类咖啡味果冻。

第四节 黑 芝 麻

芝麻在亚洲、中美、南美的许多国家均有大量种植,我国和印度的产量占全球的40%,我国芝麻产量居世界之首,有"芝麻王国"之称。黑芝麻在我国有悠久的栽培历史,资源丰富,分布也很广泛。据不完全统计,全国现已有近1000种黑芝麻品种资源。

一、黑芝麻的成分及性质

黑芝麻的营养功能在我国古代已有记载,据《名医别录》记录,黑芝麻有补中益气、润养五脏、利大小肠、缓解产后羸困、催生落胞的功能。李时珍在《本草纲目》中进一步指出"入药以乌麻油为上",服食黑芝麻可使白发返黑。近年来,研究证明黑芝麻的营养价值不亚于黑米、黑大豆,尤其是维生素E的含量高出黑米和黑大豆数倍,人体必需的8种氨基酸有6种高于鸡蛋,其余2种与鸡蛋接近。黑芝麻蛋白质含量平均为20.8%,最高的可达26%以上。黑芝麻蛋白质是完全蛋白质,蛋氨酸和色氨酸等含硫氨基酸比其他植物蛋白高,容易被人体吸收利用,是一种理想的植物蛋白资源。

黑芝麻含油量37.0%~57.3%,平均为50.8%。在脂肪的组成中,平均含量为亚油酸45.8%,油酸39.8%,硬脂酸4.9%,棕榈酸9.6%,不饱和脂肪酸油酸和亚油酸的含量较高,均超过40.0%,两者总和达85.0%,其中人体必需的不饱和脂肪酸亚油酸占40.0%,它不能在人体内合成,必需由食物提供。不饱和脂肪酸对脂肪的消化、吸收和贮存以及在生理上都有其特别的意义。食物中的胆固醇经吸收后与必需脂肪酸结合才能在体内进行正常代谢。必需脂肪酸能促进人体发育,具有增加乳汁分泌、降低血脂胆固醇和减少血小板黏附性的作用。亚油酸还是理想的肌肤美容剂,人体缺乏亚油酸,容易引起皮肤干燥、鳞屑肥厚、生长迟缓和血管中胆固醇沉积等症状,故亚油酸又有"美肌酸"之称。黑芝麻还含有丰富的维生素E,维生素E能预防皮肤干燥,增强皮肤对湿疹、疥疮的抵抗力,维持正常生殖机能并防止肌肉萎缩。黑芝麻还含有丰富的矿物质(表5-1)。

表5-1 黑芝麻矿物质元素含量　　　　　　　　　单位:mg/100g

品种	矿物质元素									
	P	K	Na	Ca	Mg	Fe	Mn	Zn	Cu	Se
黑芝麻	516	358	8	780	290	22.7	17.85	6.13	1.77	0.0047

续表

品种	矿物质元素									
	P	K	Na	Ca	Mg	Fe	Mn	Zn	Cu	Se
白芝麻	513	266	32	620	202	14.4	1.17	4.21	1.41	0.0041
对比/%	0.6	34.6	-75.0	25.8	43.6	57.6	1426	45.6	25.5	14.6

从表 5-1 可以看出，黑芝麻比白芝麻的矿物质元素含量更丰富，在常量元素中，磷的含量两个品种相近，钠的含量比白芝麻相对降低 75.0%，钾、钙、镁 3 种元素含量分别比白芝麻增加 34.6%、25.8% 和 43.6%；在微量元素中，铁含量比白芝麻增加 57.6%，锌含量比白芝麻增加 45.6%，铜含量比白芝麻增加 25.5%，与生殖功能密切相关的锰元素比白芝麻增加更显著，增加了 14 倍；超微量元素硒含量比白芝麻增加 14.6%。黑芝麻中的矿物质元素含量比谷类作物、豆类作物、菜籽、花生等均高。

二、黑芝麻的加工及利用

（一）黑芝麻黑色素的提取

目前，天然色素因其食用安全性越来越受到人们的青睐，在已开发的天然色素中，红色、黄色、绿色等品种较多，蓝色较少，黑色则极为稀缺。当前使用的食用黑色素有亮黑 BN 和黑色 1984，多为合成色素，因此开发天然黑色素具有现实意义。从黑芝麻中萃取的黑色素，具有一定的营养价值和药理作用，可添加于食品、医药、保健品等中，尤其是以这种色素为原料，采用现代先进技术生产的各种功能食品，含有丰富的营养物质和明确的生物活性成分，具有确切的保健作用，易受消费者青睐。

1. 工艺流程

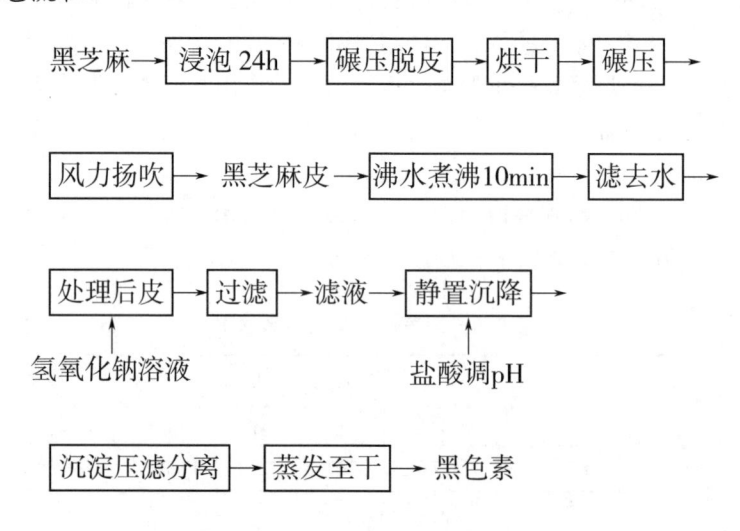

黑芝麻 → 浸泡 24h → 碾压脱皮 → 烘干 → 碾压 → 风力扬吹 → 黑芝麻皮 → 沸水煮沸 10min → 滤去水 → 处理后皮 →（氢氧化钠溶液）→ 过滤 → 滤液 → 静置沉降 →（盐酸调 pH）→ 沉淀压滤分离 → 蒸发至干 → 黑色素

2. 操作要点

煮制：黑芝麻皮在100℃沸水中煮沸10min，滤去水，皮中按一定比例加入一定浓度的氢氧化钠溶液，在一定温度下萃取适当时间，过滤后得滤液。

絮凝：加盐酸调节pH至1~4之间，使黑色素絮凝，静置12h使其沉降。

蒸干：沥去上层棕色清液，将沉淀压滤分离，用少量水洗涤，蒸发至干便得黑色素。

最佳萃取条件为：萃取温度60℃，萃取时间120min，料液比1∶40（质量体积比），萃取剂氢氧化钠浓度5%。此条件下黑色素的萃取得率为7.18%，色价为235，得率×色价为16.88。本萃取工艺的优点是：萃取温度低，萃取时间短，消耗的溶剂少，节省成本。

（二）黑芝麻糊

黑芝麻糊为中国传统美食，常食此品，益脾胃，补肝肾，能治疗身体虚弱、头晕耳鸣，对白发变乌、润肤养颜均有辅助作用，是老幼皆宜、居家旅游之佳品。

1. 原料配方

黑芝麻15kg、蔗糖粉30kg、核桃仁2.5kg、花生仁2.5kg、大米50kg。

2. 主要设备

粉碎机、搅拌机、烤箱、膨化机、80目筛。

3. 工艺流程

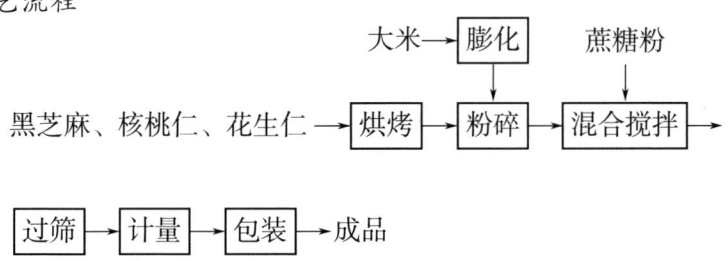

黑芝麻、核桃仁、花生仁 → 烘烤 → 粉碎 ← 大米 → 膨化；→ 混合搅拌 ← 蔗糖粉 → 过筛 → 计量 → 包装 → 成品

4. 操作要点

先将黑芝麻、核桃仁、花生仁在烤箱中烤熟，然后与膨化后的大米一起粉碎。将原料按配方放进搅拌机中混合均匀，过80目筛，再适当搅拌，计量包装。

烘烤黑芝麻、核桃仁、花生仁要掌握适当火候，否则会影响产品滋味。

过筛后的成品要及时包装，不能过夜，包装室在包装前要进行紫外线杀菌40min。

烘烤温度一般以100~120℃为宜，不可有焦糊现象。

花生仁烤熟后要去掉红衣，核桃仁烘烤前要在沸水中漂一下，以去除涩味。

5. 产品质量

细粉末状，无结块，无蔗糖砂粒。

用开水冲调后即为糊状，滋味香甜。

（三）芝麻乳

1. 主要原料

芝麻、稳定剂、乳化剂、风味剂、水。

2. 工艺流程

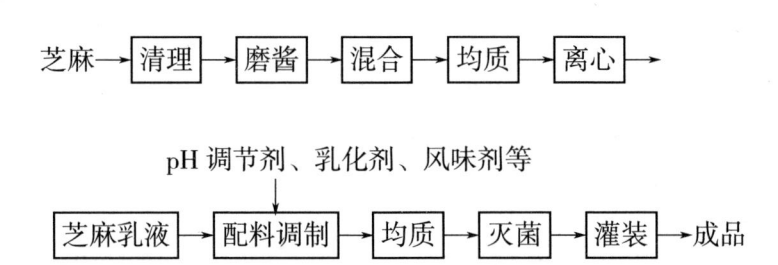

芝麻 → 清理 → 磨酱 → 混合 → 均质 → 离心

pH调节剂、乳化剂、风味剂等

芝麻乳液 → 配料调制 → 均质 → 灭菌 → 灌装 → 成品

3. 操作要点

预处理：去掉芝麻中的砂石、杂质，水洗后晾干，120~150℃下烘烤，使芝麻产生香味。

用高速研磨机将芝麻磨成芝麻酱，转速3600r/min，时间5min。研磨后芝麻粒度4~6μm。

将40%的芝麻酱与60%的水（室温）混合。先将水倒入槽中，再倒入芝麻酱，搅拌混匀。如先放芝麻酱再放水，则会成块，水与芝麻酱难以混合均匀。

混合后再加芝麻酱质量2.5倍的水，将水与混合液放在高速研磨机中研磨均质。高速研磨机配备有把圆形转刀，转速3600r/min。研磨后物料粒度为2~4μm，形成稳定的乳化状态。

搅拌后用离心机分离乳化液与饼粕及蛋白质。分离后的乳化液即为芝麻乳液。

可根据不同用途，对芝麻乳液进行调整。调整时添加pH调节剂、乳化剂、品质稳定剂及风味剂等。调整后，用均质机在14.71MPa的压力下均质，然后用管式杀菌机进行高温瞬时灭菌，温度130℃，时间30s。冷却后倒进辅助罐。

4. 芝麻乳液调整实例

例1：将30%~50%的芝麻乳液与50%~70%的饮料水混合，调制成芝麻乳饮料。

例2：将芝麻乳液与乳粉、炼乳等混合，调制成芝麻牛乳饮料，如将芝麻乳液15%、全脂奶粉10%、水75%混合。

例3：将芝麻乳液与糖、酸味剂、果汁、调味料、天然香精、发酵乳及豆乳等原料混合，调制成各种嗜好饮料，如将芝麻乳液20%、果胶0.3%、砂糖4%、柠檬酸钠0.1%、乳酸0.1%、食盐水0.5%、水75%混合，可得到风味柔润的酸味饮料。

例4：用芝麻乳液代替20%以上的牛乳，加工牛乳布丁或牛乳果冻。同时添加0.1%~0.5%的稳定剂（如天然胶质、果胶等）或乳化剂（如蔗糖脂），以提高制品的稳定性。

目前，我国丰富的黑芝麻资源虽然得到了一定程度的开发利用，也有几种名优食品，但其食品种类仍然偏少，开发的深度仍有待提高。应进一步开发黑芝麻保健功能食品，以中医理论为基础并结合现代科学技术，在进一步了解黑芝麻有效成分和功能因子的前提下，对其生理功能进行认真的测试、分析、论证、评价，研究其清除自由基、健美皮肤和美发乌发等生理功能，然后利用可行的工艺进行分离、纯化、提取、制剂，生产质量优良、功能可靠的保健食品，如美容食品、抗衰老食品、生发乌发食品等。相信在食品科技工作者的努力下，一定会开发生产出更多的高质、高值的黑芝麻食品，把中华民族食疗食养的传统优势和黑芝麻的资源优势转化为商品优势，为人类造福。

第五节 薏 苡 仁

薏苡仁为禾本科植物薏苡（*Coix laohryma-jobi* L.）的成熟种仁，又称薏米、米仁、沟子米、六谷米、回回米、珠珠米、裕米等。多生于屋旁、荒野、河边或阴湿山谷中。在我国已有2000多年历史。薏苡仁在我国大部分地区均有出产，主产于福建、河北、浙江、辽宁等地，以粒大、色白、体质似糯米、饱满者为佳。秋季果实成熟时候采割植株，晒干，打下果实，再晒干，除去外壳及种皮，生用或者炒用。

一、薏苡仁的成分及性质

薏苡仁中含蛋白质17%（富含亮氨酸、赖氨酸、精氨酸、酪氨酸）；脂肪4.65%~5.4%，其脂肪酸中油酸含量为49.3%~59.0%；碳水化合物79.17%；还含有薏苡仁油、薏苡仁酯、植物固醇、三萜化合物等多种成分，具有很多营养保健功能。薏苡的麸皮营养价值也很高，蛋白质含量与种仁相当，粗脂肪含量高达36.22%、矿物质7%、淀粉22.5%。日本视其为一种精饲料，用于喂鸡效果好。薏苡的茎叶发达，汁多叶嫩，营养丰富。若以茎叶代茶饮，有降低高密度胆固醇、升高低密度胆固醇的疗效，若作为饲料，其产量高而且适口性好。

薏苡仁入药有着悠久的历史，中医认为它性甘，微寒，无毒。《本草纲目》："薏苡仁，阳明药也，能健脾益胃。虚则补其母，故肺痿、肺痈用之。筋骨之病，以治阳明为本，故拘挛筋急、风痹者用之。土能胜水除湿，故泄泻、水肿用之。"薏苡仁具有利水渗湿，健脾止泻、除痹排脓等功效，常用于久病体虚及病后恢复期，是老人儿童较好的药用食物。现代研究发现，薏苡仁中含有多种功能性成分，具有特殊的药理作用。薏苡仁油能阻止或降低横纹肌挛缩作用，对子宫有兴奋作用，其脂肪酸能使血清钙、血糖量下降，并有解热、镇静、镇痛的作用。现在，薏苡仁常用来治疗慢性肠炎、阑尾炎、风湿性关节痛、尿路感染等症。另外，薏苡仁还有抗癌的作用，煮粥食用，可作防治癌症的辅助性治疗食方。但应注意的是，大便干燥者、滑精、精液不足、小便多者以及孕妇等人群不宜服用。除治腹泻用炒薏米外，其他均用生薏米入药。

二、薏苡仁的采收与贮藏

（一）采收

薏苡种子成熟期不一致，一般早熟品种在7月下旬至8月初收获；中熟品种在8月下旬至9月下旬；晚熟品种在10月下旬；当种子成熟度达80%时即可收获。选晴天收获后放置3~4d用脱粒机进行脱粒，可使未成熟种子成熟，易于脱粒。

（二）贮藏

薏苡仁含蛋白质、淀粉丰富，夏季受潮极易生虫和发霉。故应贮藏于通风、干燥处。为防止生虫和生霉，要在贮前筛除薏苡仁中粉粒、碎屑。在夏天要进行翻晒1次，借此机会筛除粉粒，使薏苡仁容易过夏。若薏苡仁米粒完整，含水量8%~10%，在环境干燥情况下，就不易生虫发霉。夏天要经常检查，搬运倒垛要轻拿轻放，防止重压和撞击摔打，保持包装物完整并避免薏苡仁的破碎。少量薏苡仁可密封于缸内或坛中。对已发霉的可用清水洗净后再晒干，如发现虫害要及时用硫磺熏杀。

三、薏苡仁的加工及利用

（一）薏苡仁酯提取与微胶囊化

日本学者浮田忠之进等研究发现：薏苡仁的丙酮提取物——薏苡仁酯，能抑制鼠体艾氏癌细胞的生长，具有抗癌生物活性。但薏苡仁酯是不饱和脂肪酸的衍生物，易氧化变质，采用微胶囊技术将薏苡仁酯进行包埋和固化，使薏苡仁酯粉末化，能避免环境中氧气、湿度、光照等因素的不良影响，保持其原有的生理活性，并有利于产品的贮藏运输和加工使用。

1. 薏苡仁酯的提取

工艺流程：

原料→粉碎→干燥→浸提→蒸馏精制→红棕色薏苡仁酯提取液

操作要点：

原料处理：将薏苡仁粉碎至60目细度粉状，置于烘箱中105℃干燥至质量恒定。

浸提：称取干燥薏苡仁粉1kg，用3500mL丙酮分三次进行浸提，第一次加入1500mL丙酮，第二次和第三次各加入1000mL丙酮，置于室温下浸提，每次浸提8h，每隔1h搅拌一次，每次浸提结束后过滤出滤液，合并三次浸提后的滤液，得到丙酮提取液。

蒸馏精制：将丙酮提取液移入蒸馏烧瓶中，置于65℃恒温水浴中蒸馏，得到红棕色的薏苡仁酯粗提取液，并通过冷凝管回收丙酮。将薏苡仁酯粗提取液分别溶于200mL石油醚中，滤除不溶物，将滤液分别移入蒸馏烧瓶中，置于50℃恒温水浴中蒸馏，得到纯净的红棕色薏苡仁酯提取液，并通过冷凝管回收石油醚。

2. 薏苡仁酯的微胶囊化

工艺流程：以海藻酸钠为壁材，采用"锐孔—凝固浴法"对薏苡仁酯进行微胶囊化，工艺流程如下：

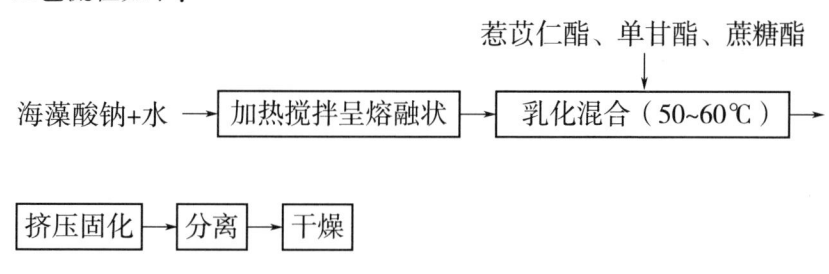

海藻酸钠+水 → 加热搅拌呈熔融状 → 乳化混合（50~60℃）[薏苡仁酯、单甘酯、蔗糖酯] → 挤压固化 → 分离 → 干燥

操作要点：

（1）壁材和芯材乳化混合液的配制：以海藻酸钠为壁材，加入一定比例水，加热搅拌至60℃形成均匀的壁材水溶液，再按比例加入薏苡仁酯和乳化剂，在磁力搅拌器上搅拌30min至完全乳化。

（2）固化液的配制：配制不同质量分数的氯化钙水溶液，放置于冰箱中，冷却至4℃备用。

（3）挤压固化：将芯材和壁材乳化液保持在50~60℃，用注射器将其滴入冷却的氯化钙固化液中，形成微胶囊。

（4）分离干燥：将氯化钙溶液中的微胶囊低温（4℃左右）固化10min，筛分分离出微胶囊，用清水洗去胶囊表面的氯化钙残留，将脱水后的微胶囊置于45℃恒温干燥箱中，干燥至质量恒定。

薏苡仁酯微胶囊化的最佳工艺条件为：壁材海藻酸钠初始溶液的质量浓度为10g/L，芯材薏苡仁酯与壁材海藻酸钠的质量之比为0.6∶1，乳化剂在壁材与芯材乳化分散液中的质量浓度为单甘酯1g/L及蔗糖酯0.5g/L，固化液氯化钙的质量浓度为10g/L。最佳工艺条件制得的微胶囊产品，薏苡仁酯的包埋率达81.8%，包埋效果较好。

（二）薏苡仁红枣饮料的加工

1. 工艺流程

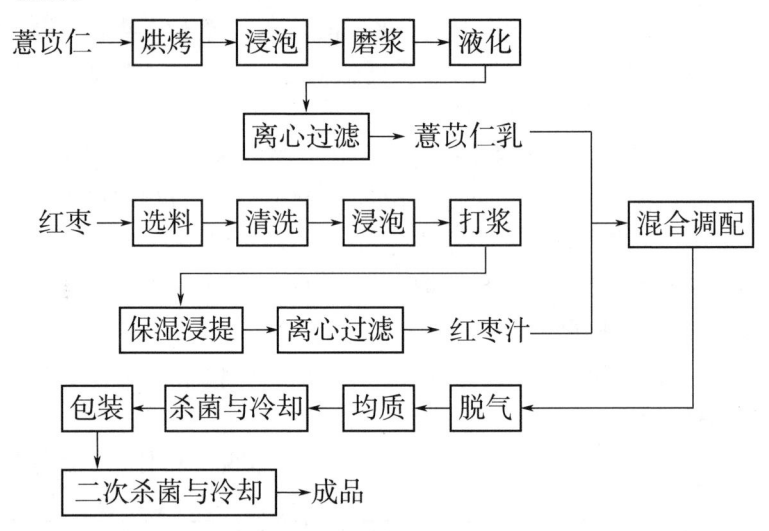

```
薏苡仁 → 烘烤 → 浸泡 → 磨浆 → 液化
                              ↓
                        离心过滤 → 薏苡仁乳 ──┐
                                              ↓
红枣 → 选料 → 清洗 → 浸泡 → 打浆 ────→ 混合调配
                              ↓              │
                        保温浸提 → 离心过滤 → 红枣汁
                                              │
包装 ← 杀菌与冷却 ← 均质 ← 脱气 ←─────────────┘
  ↓
二次杀菌与冷却 → 成品
```

2. 操作要点

薏苡仁乳的制取为：

烘烤：薏苡仁味道独特，适度烘烤后成为烘烤香型，易为消费者接受，烘烤温度 50~180℃，时间为 10~15min，具体视薏苡仁干燥程度而定。

浸泡：在磨浆浸泡时添加 0.5% 的碳酸氢钠，料水比为 1∶3，常温浸泡 6~10h 至仁粒松软即可磨浆，磨浆时料水比为 1∶6。

液化：按 5μg/g 干料加入高温液化酶，100℃ 液化 30min，冷却。

离心过滤：液化后的薏苡仁乳通过离心过滤机（2000~3000r/min）滤去残渣，制得薏苡仁乳备用。

红枣汁的制取为：

选料：红枣要求剔除霉烂、虫蛀等不合格者。

清洗：先将红枣置于水中，浸泡 2min，反复搓洗，除去附着在红枣表面的泥沙等杂物。

浸泡：常温浸泡至枣皮无皱折即可。

打浆：料水比为 1∶7，筛孔直径为 1mm。

保温浸提：浆体置于恒温水浴缸中保温 50~55℃，加入 0.02% 的果胶酶浸提 2h。

离心过滤：浸提后的红枣浆通过离心过滤机（3000~5000r/min）除去残渣，制得红枣汁备用。

3. 配方设计

基料：薏苡仁乳（料水比 1∶6）和红枣汁（料水比 1∶7）之比为 1∶2。

辅料：蔗糖 6%，柠檬酸 0.25%，羧甲基纤维素钠（CMC）0.15%，蔗糖酯 0.08%，单甘酯 0.08%。

第六节　枸　杞　子

枸杞子为茄科植物宁夏枸杞（*Lycium barbarum* L.）的干燥成熟果实，同属植物（*L. chinense* Mill.）的果实习称为"川枸杞"或"沣枸杞"，在少数地区作枸杞子使用，但品质较次。

一、枸杞子的成分及性质

枸杞的化学成分主要含多种氨基酸（9.34%）、枸杞多糖（LBP）、甜菜碱（betaine）、类胡萝卜素及类胡萝卜素酯、维生素 C、莨菪亭（scopoletin）、多种氨基酸及微量元素钾、钠、钙、镁、铜、铁、锰、锌、磷等成分。此外，从枸杞中还分离得到玉蜀黍黄素及玉蜀黍黄素二棕榈酸（zeaxanthin dipalmitate）、环肽（cyclicpeptides）、枸杞素 A~D、脑苷脂类等。其中，枸杞多糖有促进免疫作用，为枸杞的主要活性成分之一，甜菜碱、玉蜀黍黄素及玉蜀黍黄素二棕榈酸、脑苷脂类对四氯化碳引起的肝损害有保护作用。枸杞素 A 和 B 有抑制血管紧张肽转化酶活力的作用。

枸杞子是一味常用的传统中药，始载于《神农本草经》，列为上品。《本草纲目》谓其补肾、润肺、生精、益气。《圣惠方》载枸杞子酒补虚损、强筋骨、悦颜色、健身体。枸杞子性平、味甘，具有滋补肝肾、益精明目的功效。

二、枸杞子的采收与贮藏

（一）采收

枸杞子在每年的 6~11 月陆续成熟，应适时采摘。当果实由青绿变成红色或橘红色、果蒂、果肉稍变松软时即可采摘。采摘过早，果不饱满，干后色泽不鲜；采摘过迟，糖分太足且易脱落，晒干或烘干后成为绛黑色（俗称油子）而降低商品价值。采果宜在晴天上午 10 时后进行，切勿采摘雨后果及露水果，采摘时轻拿轻放，连同果柄一起摘下。否则，果汁流出会影响其内在质量。

（二）贮藏

采回的果实应立即薄摊于晒垫上，摊放厚度不超过 5cm，待其自然晾干水分后将其加工成枸杞干保存。自然晒干的方法往往受到天气和周围环境的影响，不仅干燥时间长，干燥程度不均匀，而且在天气恶劣的条件下，会使部分采下的枸杞子由于干燥不及时而发生腐烂，影响产品的质量。在枸杞子干制的实际生产和科学研究中，积累了宝贵的经验，总结了许多干燥方法。以下是几种用于枸杞子干制的干燥方法。

1. 自然晾晒

自然晾晒是一种利用通风和光照进行的自然干燥方法。宁夏老区农民常选择空旷通风之处，将刚采集的鲜果摊在果栈上，厚度约2cm，将果栈支起来晾晒。一般夏果4~5d，秋果7~9d即可干透。鲜果最初两天不宜强光曝晒。此方法最经济，但干燥时间长，有效成分损失较大，遇到阴雨天气易霉烂变质，易被灰尘、蝇、鼠污染。

2. 烘灶干燥

烘灶干燥是一种传统的烘干方法。可在地面砌灶，在灶底生火。将鲜果摊在灶房内进行干燥。先在40~45℃下烘24~36h，出现部分皱纹；再在45~50℃下烘36~48h，全部呈现收缩皱纹，体积显著缩小；最后在50~55℃下24h左右即可干透。此方法成本低，一次性烘干量大，但温度不易控制，烘干不均匀，干燥时间长，耗能高，产品质量差。

3. 热风干燥

热风干燥是一种使用热风干燥机械进行干燥的方法。用热风炉加热空气，用风机将热风送入烘箱与鲜果接触实现加热干燥。有资料建议，干燥时先用温度40~50℃、风速0.15m/s的热风干燥6h左右，再用温度60℃、风速0.35m/s左右的热风干燥6h左右，最后用温度65℃、风速0.15~0.25m/s的热风干燥20h左右即可干透。此方法成本较低，处理量大，易于操作，可实现自动化，但有效成分损失较大，品质较差。

4. 真空冷冻干燥

此方法已在宁夏、天津等地推广应用于枸杞子干燥。其干燥设备是真空冷冻干燥机，它以速冻的手段使果实所含水分即刻凝固，再通过一定的真空度使"冰晶"迅速升华为蒸汽而除去。干燥时，先将鲜果速冻至-30℃，再减压至30Pa，再进行升温（<70℃），然后恒压保持20h，最后密封保存。此方法干制后枸杞子色泽鲜红，营养损失少，干燥质量高，含水量低（≤3%），易保存，增值率高，但其设备昂贵，成本高。

5. 微波干燥

微波干燥是一项新型干燥技术，可应用于枸杞子干燥。它利用微波发生器将电功率转换成微波功率，通过波导输送到微波加热器，微波直接透入物料内部，与物料的极性分子互相作用而转化为热能,使干燥物料内各部分在同一瞬间获得热量而升温,实现加热干燥。此方法加热速度快,干燥效率高,操作方便,产品质量高,但投资和成本较高,对监控手段和供电条件要求苛刻。

6. 远红外干燥

远红外干燥是一项正在研究开发的新型干燥技术,可以用于枸杞子干燥。其干燥设备是远红外烘干机。由远红外辐射元件发射出的远红外线被果实吸收直接转变为热能,实现加热干燥。此方法设备简单,成本较高,辐射均匀,干燥速度快,生产率高,可连续操作,易实现自动控制,产品质量高。

三、枸杞子的加工及利用

(一) 枸杞子中食用红色素的提取

1. 工艺流程

枸杞子→预处理→浸提→过滤→滤液浓缩→真空干燥→枸杞红色素

2. 操作要点

预处理:将枸杞子清洗干净后,在 0.1mol/L 的氢氧化钠溶液中浸泡 2~4h,过滤后,用清水洗至水溶液呈中性,在 40℃干燥 24h,放入密闭容器中备用。

浸提条件参数:90℃下采用 85%乙醇,以 1:4 物料比,连续提取 3 次,每次 1.5h,枸杞红色素产率可高达 15.21%。

影响枸杞红色素稳定性的主要因素是酸碱度、铁离子、强氧化剂。若在使用过程中注意避免碱性物质和强氧化剂,红色素可保持稳定。枸杞红色素耐光性好,酸性介质、氧化剂、还原剂、常用食品添加剂对该红色素无不良影响,是可广泛用于食品、饮料、医药等行业的天然植物色素。枸杞子采用本法提取后,果实完整,富含蛋白质,可进一步综合利用。

(二) 枸杞食品的加工

枸杞子除药用以外,还可加工成各种营养食品。宁夏人常将枸杞子、莜麦、苏子、牛肉、大麦制成"五香炒面";用枸杞为主熬成"八宝粥";以枸杞为馅做成各式糕点等。目前,市场上新开发的枸杞食品更是琳琅满目,以下列举几种以枸杞为原料生产的饮品。

1. 无糖枸杞豆乳粉

配料:优质大豆、鲜牛乳、中宁枸杞。每 100g 产品中含蛋白质大于 20g,脂肪大于 3g,总糖(以还原糖计)小于 30g。该产品选用了优质大豆、鲜牛乳,取枸杞之精华,经科学新工艺精制而成。它富含蛋白质、矿物质、氨基酸等多种营养,而且不添加蔗糖及任何甜味剂,具有低热、低脂、高蛋白的特点,特别适合各类忌糖及肥胖的患者或人群食用。

2. 枸杞豆浆精

配料：优质大豆、鲜牛乳、蜂蜜、枸杞原汁、蔗糖。每 100g 产品中含蛋白质大于 7.5g，脂肪大于 1.2g，总糖（以蔗糖计）小于 80g。该产品为全天然食品，选用优质大豆、鲜牛乳、蜂蜜、蔗糖，萃取枸杞之精华，利用动植物蛋白互补原理，经先进工艺精制而成，它富含人体必需的氨基酸、维生素、矿物质，不含胆固醇，具有低脂肪、高蛋白的特点。

3. 枸杞浓缩蜂蜜

枸杞浓缩蜂蜜含枸杞汁 20%，纯蜂蜜 80%，选用中宁枸杞和优质纯天然蜂蜜，采用先进设备和科学工艺，经真空浓缩而成。它很好地保存了原料中原有的维生素、矿物质等营养成分，是良好的营养佳品。食用方法：用温开水冲服，用量随意，内服外涂均可，但不宜高温蒸煮。

第七节 乌 梅

乌梅（*Armeniaca mume* Sieb）别名酸梅子、红梅，属蔷薇科梅属植物。我国是乌梅的原产地，梅在我国分布较广，在长江以南各地均有栽培与野生梅分布。其主产地在四川、浙江、福建三省，其中，四川省产量最大，传统认为浙江、福建产者品质为佳。

一、乌梅的成分及性质

乌梅营养成分如下：每 100g 含蛋白质 0.9g，粗纤维 1.0g，无机盐 0.9g，钙 11mg，磷 36mg，铁 1.8mg。此外，还含有丰富的有机酸，如柠檬酸、苹果酸、琥珀酸、酒石酸、单宁酸等。《本草纲目》记载，乌梅有"敛肺、涩肠、生津、止痢，除热烦满、安心、止肢体痛、偏枯不仁、蚀恶心、去痹、利筋脉、消酒毒、杀虫、解鱼毒"等功效。因此，乌梅适宜加工成多种营养保健饮料或食品，具有广阔的开发利用前景。

二、乌梅的采收与贮藏

（一）采收

乌梅采收期因加工用途不同而异。随成熟时间推迟，果实虽能明显增大，但酸味和硬度等重要加工品质均随之逐渐下降。供制作糖渍梅的，应在果面毛茸脱落、果实出现光泽、果核刚完成硬化的绿熟期采收嫩梅。供制作咸梅干的应在果实肥大、绿色变淡而肉质仍硬脆的硬熟期采收。供制作果酱和乌梅干的，宜在果实变软黄熟、酸味减少而香气增加的黄熟期采收。梅果成熟期正值梅雨天气，采收应择晴天。

（二）贮藏

自古以来，梅的果实即以盐渍、晒干成干制品的方式长期保存，俗称咸梅干或咸梅胚。以后又发展出一种经过烘焙干燥而成的梅干，因其色泽乌黑而称为乌梅干。咸梅干是采收硬熟期的梅果，然后添加15%~20%比例的食盐腌制梅果，压紧出汁后翻缸，2~3周后取出晒干而成。腌制时如加入0.3%~0.4%的明矾或石灰，可增加果肉硬度。晒制时每天中午翻动，至手握梅胚摇动时核仁有响声为度。乌梅干是以采收黄熟期的梅果为原料，然后放在烘架上用干、湿松柴点火烘焙、烟熏至乌梅有八九成干燥，捏之有粘手感，摇动时核仁有响声时取出，即可密封贮藏。

三、乌梅的加工及利用

（一）乌梅保健饮料

1. 工艺流程

原料预处理 → 浸提 → 过滤 → 调配 → 精滤 → 灌装 → 封口 → 杀菌 → 冷却 → 检验 → 成品

2. 操作要点

原料：选择干净、无霉变、无虫蛀的干乌梅、甘草，用水冲洗干净。

浸提：乌梅和甘草按5∶1配比称量，原料与水按15∶1000在95℃浸提30min，若浸提液蒸发过多可采用同样方法进行二次浸提10~15min。

调配：过滤后的浸提液按配方要求加入糖、柠檬酸、食盐，混合均匀。

精滤：利用微孔膜过滤机进行精滤，精滤后的汁液达到澄清透明。

灌装：常压75℃灌装。

杀菌：在常压和80℃下，杀菌10min。

（二）乌梅果茶

1. 基本配方

白砂糖10%，乌梅果肉浆（以柠檬酸计，酸度2.0%、水分94.0%）10%，胡萝卜浆（水分94.0%）5%，柠檬酸0.075%~0.2%，羧甲基纤维素钠0.1%，琼脂0.06%~0.1%，三聚磷酸钠0.1%，滋味改良剂0.1%~2%，苯甲酸钠0.08%，焦糖色素0.06%，草莓香精0.002%，杨梅香精0.002%，乌梅香精0.002%，加水至100%。

2. 工艺流程

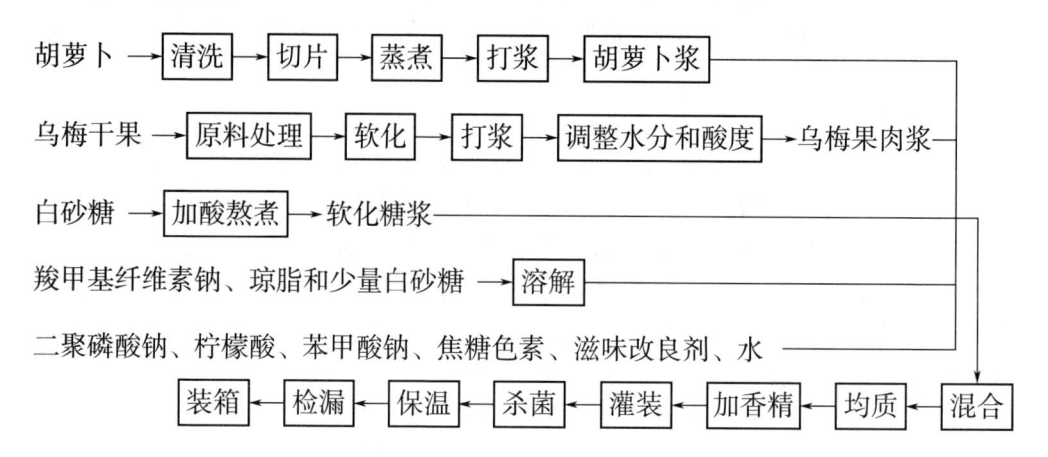

胡萝卜 → 清洗 → 切片 → 蒸煮 → 打浆 → 胡萝卜浆

乌梅干果 → 原料处理 → 软化 → 打浆 → 调整水分和酸度 → 乌梅果肉浆

白砂糖 → 加酸熬煮 → 软化糖浆

羧甲基纤维素钠、琼脂和少量白砂糖 → 溶解

二聚磷酸钠、柠檬酸、苯甲酸钠、焦糖色素、滋味改良剂、水

装箱 ← 检漏 ← 保温 ← 杀菌 ← 灌装 ← 加香精 ← 均质 ← 混合

3. 操作要点

乌梅果肉浆：剔除霉、烂、虫果和杂质，清洗干净后，加入其质量 1～2 倍的水，在 80℃ 左右软化 0.5～1.0h，至乌梅果肉充分软化，再将软化后的乌梅果与软化水一起或用浸提过乌梅汁的乌梅果，用筛孔直径 0.5～1.0mm 的打浆机打浆去核，并始终保持原料温度在 60℃ 左右，以免堵塞筛孔。然后调整水分和酸度使每批乌梅果肉质量稳定，或每批果肉测定水分和酸度。

胡萝卜浆：将胡萝卜去蒂和根须，清洗干净，用切片机切成 3mm 厚，再用 0.15MPa 蒸汽压蒸 8min 并间隙排气，然后用筛孔直径 0.6mm 的打浆机打浆并添加适量含 0.1% 柠檬酸的纯水，调整胡萝卜浆的水分使每批样品质量稳定。

软化糖浆：60% 白砂糖、40% 水和白砂糖质量 0.1% 的柠檬酸，小火熬煮 0.5～1.0h，并不断搅拌，稍冷后用 100～120 目尼龙布过滤，冷却后测糖度。

调配：按配方的百分比加入各组分，搅拌均匀，在 18～30MPa 和 30～60℃ 下均质一次，然后加入香精，搅拌均匀。

灌装、杀菌、冷却：将调配好的果茶立即灌装、及时封盖并尽快杀菌，玻璃瓶（250mL）12min/100℃，易拉罐（聚酯瓶，250mL）18min/100℃。

第八节 葛 根

葛根 [*Pueraria lobata* (Wilid) Ohwi] 别名葛藤、粉葛、野葛，为豆科葛属（*Pueraria*）。野生于路旁，荒山土坡草丛或灌木丛中，适应性强，耐旱，不择土壤。

我国已知葛属 12 种，除新疆、西藏外，分布遍及全国。

一、葛根的成分及性质

新鲜葛根中淀粉含量为 20% 左右。另外还含活性物质——异黄酮类化合物以及少量的黄酮类物质。其中黄豆苷元（daidzein）、黄豆苷（daidzin）、葛根素（puerarin）是葛根的主要活性成分，尤以葛根素含量最高。葛根素具有以下生理功能：扩张冠状动脉；对抗缺氧所致的脂质过氧化作用，避免缺血再灌造成的心脏损伤；增加局部微血管血流动和运动的幅度；降低心肌兴奋性，防止心率失常；抑制由 ADP 诱导的或由 5-HT 与 ADT 共同诱导的血小板聚集；降低高血压与冠心病患者血浆儿茶酚胺（CA）的含量。此外，葛根中还含有葛根素木糖苷、β-谷固醇、花生酸等多种生理活性物质。近年来，又从葛根中分离出一些芳香苷类化合物以及一些三萜皂苷类化合物，如黄豆苷元 A、B，葛根皂苷元 A、B、C 等。

葛根的药用价值在我国现存最早的药学专著《神农本草经》中就有较详细的记载，被视为历代医家的常用药物之一。李时珍著《本草纲目》中记载："葛根具有生津止渴、清祛火、解暑、止血痢、治伤寒、痢疾等功效"；《中药大词典》中更进一步记载了葛根的功能与特性：气味：甘、辛、平、无毒；主治：消渴、身大热、呕吐，诸痹，起阴气，解毒、治胸膈烦热发狂。疗伤寒、中风、温热头痛、心绞痛，特别对上火引起的牙痛、内外痔、喉炎、消脂减肥有直接的治疗效果。临床实践证明，大豆苷元（daidzein）具有明显的抗缺氧作用和抗心率失常活性。葛根素（puerarin）能有效地扩张脑血管及冠状动脉，改善脑循环及外周循环，对威胁人类颇大的高血压、冠心病、心绞痛等一系列有关心血管的现代文明病有独特的疗效，而且在临床使用中无任何毒副作用，是治疗心血管疾病疗效最理想的药物之一。

二、葛根的采收与贮藏

（一）采收

秋末冬初或早春萌发前均可采挖。挖前去掉茎和茎蔓，把全部根挖出。为提早上市，获取较高收益，可于 8 月上中旬收获斜生或生长过密的块根，但不要弄伤其他块根。

（二）贮藏

贮藏的块根应完整无损，场所要干燥。先在地面铺 3~5cm 厚的细沙，然后一层块根一层沙，最后用沙盖严，保持湿润。要经常检查，如嗅到酒味或见沙发潮，表示块根变质，应及时挑出并重新堆藏。

三、葛根的加工及利用

（一）葛根总黄酮和淀粉的提取

葛根总黄酮包含了几乎所有葛根活性物质，具有调节血液循环系统、减慢心率、降低外周阻力、改善缺血心肌代谢、抗心率失常等作用，因此有效利用葛根的多种形式都离不开对葛根总黄酮的提取。

此外，葛根中还含较高的葛根淀粉（占葛根干物质的 30%~40%）。葛根淀粉质地洁白细腻，具有糊化温度低、淀粉糊透明度高、黏度稳定性强等特点，是加工保健食品的优质原料。

1. 工艺流程

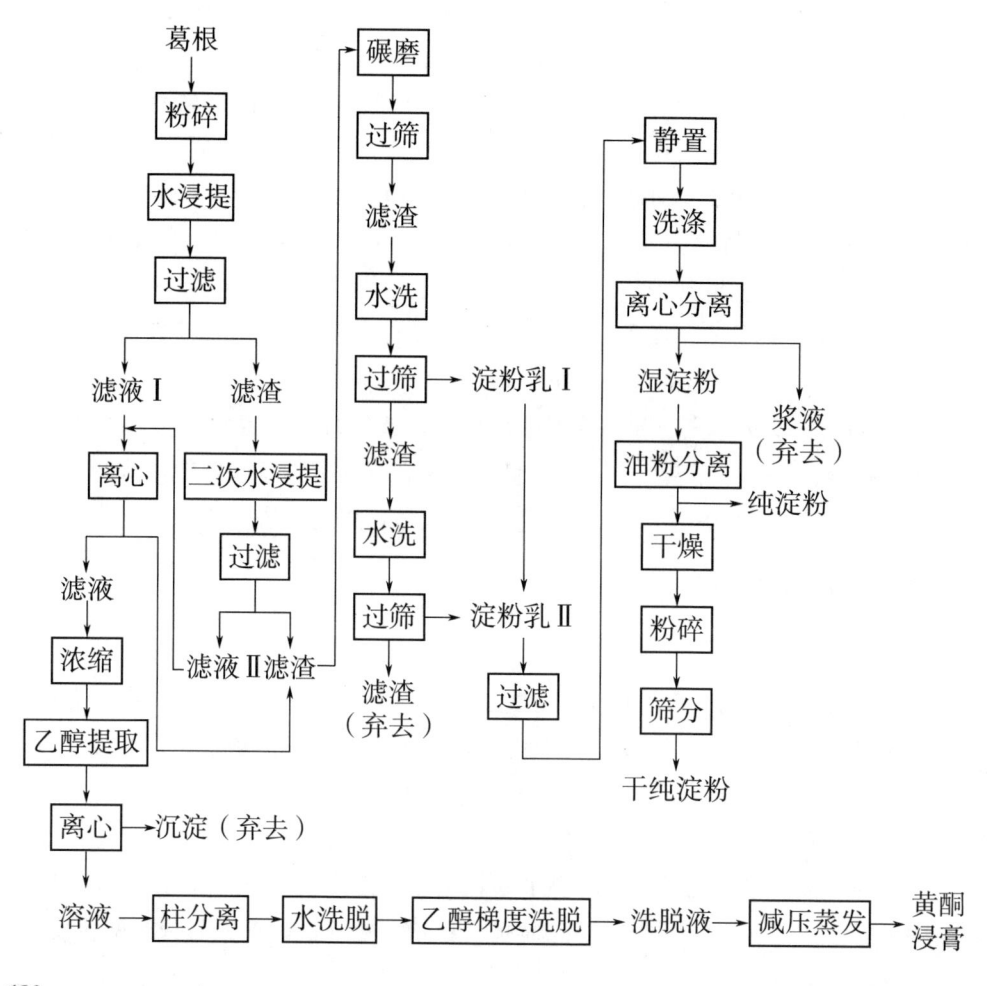

2. 操作要点

提取过程可分两大部分，首先是黄酮类物质的提取，其次是葛根淀粉的提取。将葛根清洗、破碎后在常温下用水溶液浸提，调节 pH 弱碱性（pH 8 左右）以提高黄酮类物质的溶解性。一次过滤得到滤液Ⅰ，滤渣进行二次浸提，过滤后得到滤液Ⅱ。合并滤液Ⅰ和Ⅱ并离心分离，将离心后的滤液经蒸发浓缩，再加入 3~4 倍体积的 95% 乙醇搅拌，离心，除去其中水溶性蛋白质等杂质。得到的乙醇提取液先用洗脱法除去其中的亲水性杂质，再进行乙醇梯度洗脱。按照 30%、50%、70%、95% 的醇液洗脱梯度可一次将各种成分洗脱下来，最后将洗脱液减压回收乙醇，浓缩后得到黄酮浸膏。

葛根淀粉的提取是将一次水浸提后得到的滤渣再经过二次浸提，过滤提取液得到滤液Ⅱ和滤渣。滤液Ⅱ并入滤液Ⅰ用来制备黄酮浸膏，滤渣则与提取黄酮类物质时从滤液Ⅰ中离心分离得到的沉淀物混合，将得到的滤渣混合物碾磨、过 100 目筛即得到淀粉乳Ⅱ。混合淀粉乳Ⅰ和Ⅱ，120 目绢丝过滤可以进一步除去淀粉浆中的纤维性杂质，静置滤液，待沉淀后除去淀粉乳的上清液，继续加水洗涤，在此过程中，适量添加次氯酸钠可以起漂白和抑菌作用。洗涤后的淀粉浆经过离心分离即得到湿淀粉，湿淀粉上层为灰白色的油粉，其中附着许多呈色物质，下层为洁白的高纯度淀粉，将两种粉分离后分别干燥即制得葛根干纯淀粉和纯淀粉。

(二) 葛根饮料

葛根化学成分比较复杂，一般的分离方法易造成活性物质损失，为此可选用酶解方法把葛根汁液中的淀粉物质水解成葡萄糖和小分子糖类，以尽可能地保留葛根汁中的生理活性物质。

1. 工艺流程

原料清洗 → 去皮 → 破碎 → 加水浸提 → 过滤 → α-淀粉酶液化 → 糖化酶处理 → 澄清过滤 → 调配 → 灌装封口 → 杀菌 → 冷却 → 成品

2. 操作要点

生产时首先选择新鲜葛根用清水洗净，去皮、破碎后按料水比 1∶3 的比例将葛根浸提 2h，使葛根中的活性成分和淀粉同时溶出。提取液过滤除杂后，用酸调节葛根汁至 pH 6，再加入 α-淀粉酶并在搅拌状态下升温至 90℃，停止搅拌并保温 30min，使葛根淀粉液化。将液化后的葛根汁用柠檬酸调节至 pH 5，待温度冷却到 55~60℃ 时加入糖化酶糖化 2h。糖化完成后继续用柠檬酸调节葛根汁 pH 4 以下，静置澄清，上清液经硅藻土过滤机过滤得到清亮的葛根原汁。最后在调配罐中加入适量的蜂蜜、三氯蔗糖及其他配料，搅拌均匀后灌装杀菌即可。

(三) 葛根冰淇淋

1. 配方

乳粉 18kg，葛根汁 51kg，炼乳 10kg，奶油 10kg，单甘酯 0.2kg，蔗糖 6kg，海藻酸钠 0.3kg。

2. 工艺流程

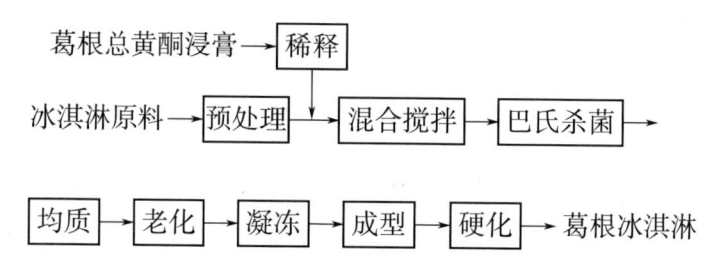

葛根总黄酮浸膏 → 稀释 →

冰淇淋原料 → 预处理 → 混合搅拌 → 巴氏杀菌 →

均质 → 老化 → 凝冻 → 成型 → 硬化 → 葛根冰淇淋

3. 操作要点

葛根冰淇淋生产时先将葛根总黄酮浸膏加水稀释配制成一定浓度的葛根汁。根据配方，取 0.3kg 的海藻酸钠和 3kg 的蔗糖（其余蔗糖备用）加入 51kg 的葛根汁中搅拌均匀后静置 8h，再按配方将其余原料加水溶解并搅拌均匀，控制温度在 65~72℃ 之间。将此冰淇淋原料与葛根汁混合，混合料液在 70~77℃ 下巴氏杀菌 30min，然后在 65~70℃、1.8~2.0MPa 条件下进行均质处理，将均质后的料液迅速冷却至 2~3℃，并在此温度范围保持 4~12h 使物料老化。老化成熟后的物料被送入凝冻机，在 -4~-2℃ 的凝冻温度下保持 20min。在凝冻过程中物料经搅拌逐渐由液态转变为半固体状态，同时因充入空气而体积不断增大，通常物料的膨胀率应控制在干物质的 3 倍左右。凝冻好的冰淇淋经灌装成型后即为软质冰淇淋，若继续在 -15~-10℃ 条件下硬化 12h 即成为硬质冰淇淋。

(四) 葛粉即食糊

1. 工艺流程

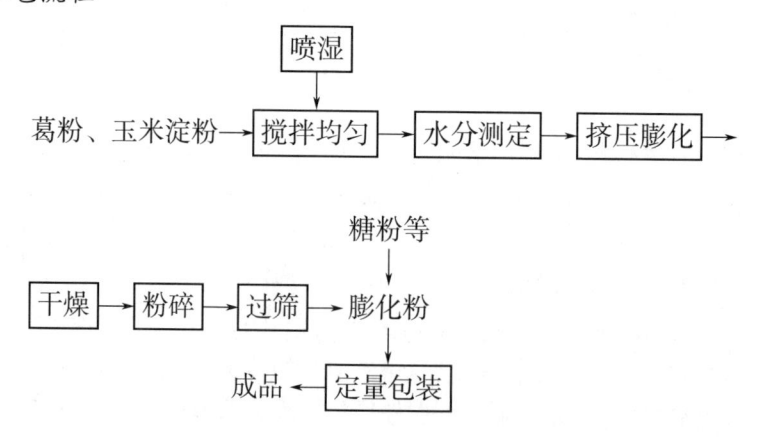

喷湿 ↓

葛粉、玉米淀粉 → 搅拌均匀 → 水分测定 → 挤压膨化 →

糖粉等 ↓

干燥 → 粉碎 → 过筛 → 膨化粉

成品 ← 定量包装

2. 操作要点

利用挤压膨化机生产葛粉即食糊的配方为葛粉40%、玉米淀粉50%、蔗糖粉10%。原料膨化之前应充分搅拌均匀，并严格控制物料的含水量在15%左右，根据结果对其进行必要的干燥或喷湿处理；控制膨化机内的温度恒定，维持进料速度恒定，以获得均一良好的产品。膨化后的淀粉料经粉碎过80目筛与相同细度的蔗糖粉混合拌匀，无菌包装即为成品。此外，利用葛根还可酿酒、加工速溶麦片、面包、粉丝、葛冻、葛晶等系列葛根功能性食品。

第九节 罗 汉 果

罗汉果［*Siraitia grosvenorii*（Swingle）C. jefey］，葫芦科（Cucurbitaceae）罗汉果属植物，又名光果木鳖、拉江果、假苦果，主产于广西，是我国特有的果树。

一、罗汉果的成分及性质

罗汉果的干果中含有蛋白质7.1%~7.8%，在其水解物中，除色氨酸未被测定外，18种氨基酸齐全，其中8种为人体必需的氨基酸，含量最高的是天冬氨酸和谷氨酸，可达1%。罗汉果的成熟果实中含有25种无机元素（表5-2），其中人体必需的微量元素和大量元素有16种，在成熟罗汉果中含有丰富的维生素C，含量达33.9~44.1mg/kg，罗汉果种仁含油脂27%~33%；人体必需脂肪酸有亚油酸、油酸、棕榈酸。从罗汉果新鲜果实中还提取得到D-甘露醇（D-mannitol）以及2种黄酮苷：罗汉果黄素（grosvenorine，Ⅰ）和山柰酸-3,7-A-L-二鼠李糖苷（Ⅱ）。除少数为无甜［如罗汉果苷Ⅳ（mogroside Ⅳ）］或苦味［如罗汉果新苷（neomogroside）］物质外，大多为甜味成分或微甜物质。罗汉果干果中总糖含量为25.17%~38.31%，还原糖含量为16.11%~32.74%，还原糖中的果糖含量为10.17%~17.55%，还原糖中的葡萄糖含量为5.71%~15.19%。罗汉果苷Ⅴ为罗汉果果实中含量和甜度（为蔗糖甜度的256~344倍）均较高的成分，是主要的甜味成分。赛门苷I是目前发现的葫芦烷三萜苷中最甜的成分，在万分之一浓度时为5%蔗糖甜度的563倍。葫芦三烷萜苷类可作为食品、菜肴的甜味剂，是糖尿病人理想的食糖替代品。

罗汉果在广西民间的药用历史已有300多年。其性凉味甘，无毒，有润肺止咳、凉血、润肠通便的功效，是家用良药。特别是用作祛痰剂，在治疗百日咳、慢性气管炎、咽喉炎、胃肠疾病方面疗效显著，被收载于1977年、1985年、1990年、1995年《中华人民共和国药典》，作为常用中药使用，卫生部、中医药管理局将其列入第一批"既是食品又是药品的品种名单"。

罗汉果甜苷能增加小鼠气管酚红的分泌量，抑制氨水诱发的小鼠咳嗽，促进青蛙食道黏液移动，但并不影响柠檬酸诱发的豚鼠哮喘。研究显示罗汉果甜苷有化痰镇咳作用，是罗汉果中的有效成分。从新鲜的罗汉果果实中分离得到的 D-甘露醇，其甜味强度相当于蔗糖的 0.55~0.65 倍。医疗上用 D-甘露醇替代糖作糖尿病患者的甜味食品或甜味剂。D-甘露醇用于脑水肿，能提高血液渗透压，降低颅内压，脱水作用强于尿素，且持续时间长；也可用于大面积烧伤和烫伤的水肿，防治急性肾功能衰竭病和降低眼球内压，治疗急性青光眼。D-甘露醇还有止咳作用。近年来，研究发现，罗汉果块根肥大、味苦、性微寒，具有清热祛湿、通络止痛之功效，是广西桂林永福等地的一种习用药材，常用于治疗咳嗽、咽炎、风湿性关节炎等。另外，斯建勇等从罗汉果中提取的罗汉果酸已被证明在体外具有明显的抗肿瘤活性。

表 5-2　罗汉果果实中的无机元素的种类及含量　　　单位：mg/kg

元素	含量	元素	含量
锰	22.68	铬	0.53
铁	29.21	铝	7.72
镍	1.81	铍	0.01
锌	12.81	钛	0.30
镁	549.96	钒	0.20
钙	667.52	钼	0.1490
铅	0.065	硒	0.1864
铜	0.53	锡	0.1818
钾	12290.8	砷	0.1481
钠	16.49	碘	1.00
镉	0.015	硅	645
锶	1.69	氟	0.93
钡	3.31		

二、罗汉果的采收与贮藏

(一) 采收

罗汉果一般在 10~11 月成熟。应注意适时采收。采收过早，果皮脆、薄，烤果时易破果（爆果）、响果（果肉与果壳分离），果带苦味，质量低劣；采收过迟，植株养分消耗大，总产量下降。一般见果柄、果皮由青转黄时，即可选晴天的下午采摘（早晨露水未干时和雨天不宜采收）。由于罗汉果开花授粉时间不一，果实成熟期也不相同，所以应分批进行采收。采果时用采收剪，注意将果柄和果蒂剪平，以免互相挤碰时刺伤果皮，造成空洞。

（二）贮藏

罗汉果采收后，果实含水量高，可摊放在楼板或竹垫上，任其水分蒸发和后熟（俗称糖化）。摊晾时，每1~2d翻动一次，5~6d后，见果皮有50%转黄时，即可按大小分级装箱，进行烘烤。如遇晴天，也可在白天晒果，晚上烘果。但晒果和烘果应力求温度稳定，不能时冷时热；还应连续进行，一次性烘干，否则会影响果品质量。罗汉果的干燥，使用烘房、烘炉均可。烘果温度一般是前期和后期温度宜低，中期温度宜高。即第1~2天控制在35~40℃，因此时果实水分多，逐步升温有利于水分慢慢蒸发，避免爆果；第3~4天温度可升到45~60℃，此时果实内水分减少，果内温度均匀，适当增温有利于加速果实干燥；第5~6天后，温度应降到50℃以下，因为这时果实接近干燥，适当降温可减少响果、爆果和焦果，保证果品质量。烘烤期间，要严格控制烘房温度，温差不能过大，以免造成破果和斑点果。每天早晚各翻果一次，注意将上、中、下、边缘和中间等部位的果实交换位置，使果实受热均匀。见果皮颜色转黄时，翻动宜勤，以免烘焦。一般烘7~8d后即可干燥。

（三）罗汉果的加工及利用

罗汉果是我国传统出口创汇药材之一，深受进口国的青睐。但对国内来讲，它作为一种紧俏的出口商品，绝大部分是出售原果，利润不高。如果能在保健饮料、保健食品、无糖型甜味剂加工等方面深入研究，其前景将更加可观。而且近年来西方发达国家肥胖症、糖尿病患者日益增多，罗汉果中的甜味剂——罗汉果甜苷作为一种低热量的甜味剂，以其味道新颖、口味纯正及独特的保健功能深受消费者的喜爱。20世纪90年代以后，罗汉果及其中成药产品逐渐打开了欧美市场，出口量有强劲增长势头。

1. 生果罗汉果甜素的提取

工艺流程：

罗汉果生果→碾碎→打浆→温水萃取→过滤→吸附剂分离→乙醇溶解→脱色→脱盐→蒸馏法回收乙醇→减压浓缩→冷冻干燥→罗汉果甜素

操作要点：用罗汉果生果研碎，打浆，温水50~60℃萃取。通过DA-201丙烯酸型吸附剂分离，体积分数50%乙醇溶解，经D-211丙烯酸型阴树脂脱色，脱盐，去杂质。蒸馏法回收乙醇，经真空泵减压浓缩，冷冻干燥即得白色结晶状罗汉果甜素。罗汉果水提取物过Amberlite XAD-2树脂，吸附甜味素的树脂用50% EtOH洗脱，洗脱物经过 Sephadex G-24 及 Amberlite XAD-2 处理后，以制备薄层层析纯化得 $R_4=0.67$ 的主要成分。

2. 干果罗汉果甜素的提取

工艺流程：

干果→脱脂→甲醇提取→提取物过活性炭和硅藻土柱→洗脱剂洗脱→罗汉果甜素

操作要点：干果以石油醚脱脂后，甲醇提取所得的提取物过活性炭和硅藻土柱，用水、20% EtOH 和吡啶洗脱，前二者分别得罗汉果醇（mogrol）和 11-氧化罗汉果醇，后者洗脱物经氧化铝柱，以 100% 及 50% 甲醇洗脱，后者再经硅胶柱层析得到罗汉果苷Ⅳ、Ⅴ和Ⅵ。

在当前市面上已有的罗汉果制剂临床上都是用于呼吸系统疾病，而在传统的药用方法中，罗汉果对消化系统疾病、抑菌、降血压也有较好的药效；罗汉果的药用部位也不仅是果实，根、叶也可入药，也有一定利用价值；罗汉果甜素具有甜度高，不含热量，无毒等优点，很适合目前食品市场对低热量甜味剂的需求，可开发为保健食品；另外，在研究中我们发现罗汉果苷的甜度与其结构有密切关系，而其成分的结构又与其生长时期息息相关。因而，有必要对罗汉果全植物的有效成分、药理作用及罗汉果甜苷的形成机理进行全面系统的研究，以便对罗汉果这一优势资源进行充分的利用与开发。

3. 罗汉果叶黄酮的提取

工艺流程：

罗汉果叶→煮沸（三次）→过滤→合并滤液→柱层析→水洗至无色→75%乙醇洗脱→洗脱液干燥→粗黄酮→无水乙醇溶解→过滤→干燥→精制黄酮

操作要点：

浸提：称取破碎罗汉果叶 100g，置入圆底烧瓶，再加 500mL 蒸馏水，煮沸，沸腾大约 20min，冷却过滤，重复 3 次，合并滤液。

层析：将滤液以 20mL/min 的速度过大孔吸附树脂柱（4.0cm×60cm）。

洗脱：吸附完毕后，首先用蒸馏水洗柱，至流出液无色，然后用 75% 的乙醇洗脱。

干燥：洗脱液用旋转蒸发仪旋干，得到粗黄酮 6.0g，颜色为灰黄。

精制：粗黄酮再经无水乙醇溶解、过滤（重复 3 次）弃残渣，将滤液旋干得精制黄酮 2.85g。

4. 罗汉果块根中淀粉的提取

工艺流程：

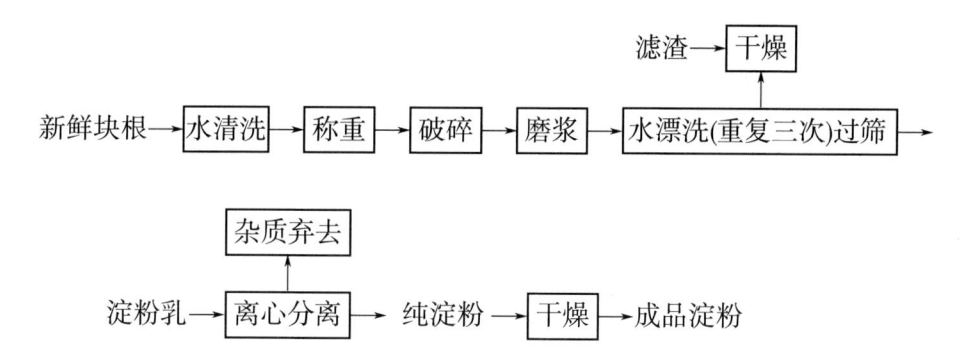

新鲜块根→水清洗→称重→破碎→磨浆→水漂洗(重复三次)过筛→

滤渣→干燥

淀粉乳→离心分离→纯淀粉→干燥→成品淀粉

↑杂质弃去

操作要点：淀粉浆在离心分离前可静置、洗涤数次至无任何苦味。淀粉浆经离心后弃去上清液，刮去沉淀表层的少量蛋白质和细纤维，沉淀破碎后再加入稀碱液制成悬浆，离心。如此重复 3 次，然后依次用去离子水和 95% 的乙醇洗涤和脱水，最终的离心沉淀经破碎后用石油醚（沸点 40~60℃）浸渍过夜脱脂 3 次，湿淀粉在室温放置 2d 使水分达到平衡。

5. 罗汉果保健软糖

罗汉果汁工艺流程：

罗汉果→破碎→超声波法浸提→过滤→罗汉果浸提液→离心→罗汉果汁

罗汉果保健软糖工艺流程：

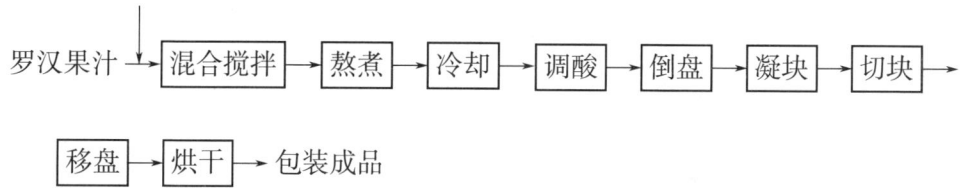

辅料（麦芽糖醇、赤藓糖醇、琼脂）
↓
罗汉果汁→混合搅拌→熬煮→冷却→调酸→倒盘→凝块→切块→

移盘→烘干→包装成品

操作要点：

罗汉果汁制取：取罗汉果干果剪切成颗粒状，以一定的料液比在超声波清洗器内振荡浸提，过滤，过滤后在滤液中加入 1% 维生素 C（护色），然后加入 0.04% 甲壳素，离心后得澄清的罗汉果汁，备用。

混合、熬煮：麦芽糖醇和赤藓糖醇用适量的水溶解，琼脂用水浸泡，加热溶化，使之成为琼脂溶胶。将甜味剂溶液和琼脂溶胶混合，加热至 85~90℃，搅拌均匀，然后加入罗汉果汁在 100~105℃ 下熬煮。用糖度计测得可溶性固形物含量在 65% 左右时，即达熬煮终点；或用手指沾取少量，当手指张合时，能捏成丝即为熬煮终点；也可用玻璃棒沾取少量浆料在水中蘸一下取出，其能凝结成胶块，口尝有一定的硬度即可。

成形、切块、干燥、包装：将上述熬制好的糖浆冷却到85~90℃时，加入配制好的柠檬酸，强力搅拌1~2min，冷却、成形、切块，50~55℃干燥15~20h，冷却至室温，包装，密封。

第十节 银 杏

银杏别名白果、公孙树、鸭脚子、瓜子果，属银杏科银杏属，为中生代子遗树种，是我国特产大乔木，高可达40余米，直径可达3m。本种主要识别特征为：叶扇形，具多数叉状并列细脉及长梗（3~8cm）；雄球花为荑黄花序状；雌球花具长梗，种子核果状，椭圆形至近圆形，径约2cm，熟时淡黄色，外被白粉，具臭味，花期4~5月，种子9~10月成熟。我国银杏资源的拥有量占世界总量的70%。在我国，银杏分布很广，东起浙江、台湾，西至甘肃西藏，南自广西，北至辽宁，各省多有栽培。以中部的河南信阳和大别山区以及广西灵川、兴安为最多，是银杏的主产区。

一、银杏的成分及性质

银杏仁营养丰富，干燥种仁含淀粉62.4%，粗蛋白11.3%，粗脂肪2.6%，蔗糖5.2%，还原糖1.1%，核蛋白0.26%，矿物质3.0%，粗纤维1.2%，还有磷、钾、钙、铁等微量元素。肉质外种皮含银杏酸、银杏醇、银杏酚、多糖、糖苷类化合物等。银杏叶中含蛋白质12.36%、总糖69%、还原糖5.34%、总酸2.09%、维生素B_2 0.06mg/100mg、胡萝卜素18.08mg/100mg、维生素E 7.05mg/100mg、维生素C 126.70mg/100mg。银杏叶中氨基酸组分含量高于FAO/WHO评分模式中同氨基酸的含量，其中必需氨基酸指数均在100以上。银杏叶中含30余种黄酮类化合物和萜类、酚类、生物碱、微量元素及氨基酸等活性成分。对于含高黄酮苷、高萜内酯的植株，其黄酮苷可高达2.74%，萜内酯最高可达1.17%。

银杏不仅是著名的庭园绿化观赏树种和速生珍贵的用材树种，而且具有特殊的食用和药用经济价值。银杏提取物特别是银杏黄酮类和萜类内酯，具有许多生理活性：可用于防治心脑血管系统缺血性疾病；改善器质性神经症状；复活中枢神经，增强记忆，防治老年痴呆；改善末梢血管循环障碍。萜类内酯是银杏化学成分中最重要的物质，迄今仅从银杏一种植物中发现，它是血小板活化因子（platelet activating factor，PAF）的强有力的拮抗剂。（PAF是迄今发现的最强的血小板聚集诱导剂，与心血管疾病的发生和发展有极其密切的关系，它直接参加了血栓的形成。）银杏内酯（尤其银杏内酯 B）是特异的 PAF 拮抗剂，可剂量依赖性地消除 PAF 所引起的血小板聚集作用，从而防止血栓的形成，防治动脉粥样硬化。过多胆固醇食物可致使兔子动脉粥样硬化，服用银杏内酯 B 后，可改善其症状。另据报道，银杏内酯对胰岛素依赖型糖尿病患者血清中抵抗胰岛细胞的免疫细胞溶解反应有效，对抗原介导免疫细胞触发的毒性有抑制作用且呈剂量性依赖关系。

二、银杏的采收与贮藏

（一）银杏种子的采收与贮藏

1. 采收时间

银杏种子的采收时间全在秋季。但具体时间却难以统一。原因就在于银杏的分布范围很广、品种又极为众多，银杏种子的成熟时间不仅在地域上有所差别，而且即便是在同一地点也有先有后。如广西桂林地区的银杏，其种子成熟的最早时间较之山东郯城约早 1 周，而早熟品种和晚熟品种之间可相差 25d。为有利于银杏种子中胚乳营养物质的充分积累和胚芽的良好发育，并有助于播种育苗发芽率和成苗率的提高，以及苗木抗逆力的增强，一般来说，晚采优于早采。

2. 采收方法

银杏种子的采收方法很多，但无论哪种方法都应强调有利于保护母树、有利于来年丰产、有利于叶片不受损失。现将目前常用的几种采收方法介绍如下：

钩落法：待种子成熟之后，可用带钩竹竿伸入树冠内，钩住枝条基部轻轻抖动，使成熟的银杏种子落下。或用 3~5m 高的木梯，人站梯上，先用竹竿钩落树冠外部的种子，再钩落树冠内部的种子，如抖动枝条尚难以使种子下落，则需用竿顶轻触种柄将种子顶落。此法的优点是既不损伤枝叶又可干干净净地采收。切忌猛打乱抽伤及结果短枝。

摇晃法：充分成熟的银杏种子，果柄离层同时产生，只要人爬树上用手抓住枝条轻轻摇晃，种子即可下落。不能下落的种子，说明尚未充分成熟。可隔 3~5d 后再摇晃一次，即可采净。切忌用石块或重物撞击树干或大枝，造成树体皮部受伤。也有用高压水枪击落种子的，但极易在击落种子的同时也击落大量的小枝或叶片，因此此法仅可用于采收人力难以达到的高树顶端所结的种子。

化学采收法：目前所用的化学采收方法主要是将"乙烯利"向树冠喷布促进种子脱落。根据邳州市于 1989 年 9 月 10 日所做的试验证明，用 500mg/kg 乙烯利喷洒后，在喷药后的第 11~12 天和第 15~16 天出现两次种子脱落高峰。用 1000mg/kg 乙烯利喷洒后则出现三次脱落高峰（喷后第 5~6 天、11~12 天、15~16 天）。脱落效果基本良好，脱落率可达 91%。但最大的缺点是有约 40% 的叶片同时变黄并出现轻度落叶，因而此法应谨慎应用。

3. 贮藏方法

袋装贮藏：经脱皮处理并充分晾干的银杏种核，可先装入布袋之中，在常温条件下置室内继续阴干，俗称"发汗"，时间约为1周。然后装入塑料袋中，每袋可装10kg，最多不得超过20kg，扎紧袋口放置室内，每月需将种子全部倒出进行短时间的摊晾，俗称"换气"，然后装入袋中。也可将塑料袋上打几个小孔，以便于种子有微弱的气体交换而不致形成无氧呼吸。在贮藏过程中，如发现核壳表面出现霉点，应及时将种核倒出用净水重新冲洗、晾干后再放入袋中。此法贮藏的银杏种核，翌年5月依然十分新鲜。

冰箱贮藏：将银杏种核装袋后置入冰箱或冰柜之中。温度保持1~4℃，保鲜时间可长达1年以上。但此法仅适用于少量种核。

冷库贮藏：将充分晾干的银杏种核装入麻袋中，每袋可装25~50kg，单层摆放于木架空格之上。温度保持4℃左右，冷库湿度不得大于80%，保鲜时间可达1年以上。贮藏期间应每月抽样检查，发现问题要及时处理。需注意的是，凡冰箱或冷库贮藏的种子只供食用，严禁用于播种育苗。

（二）银杏叶片的采收与贮藏

1. 采收时间

在过去几年中，银杏叶片的采收时间多在深秋季节，而如今对专业性的银杏采叶园和苗圃中的银杏苗木，可以改为一年两次采收；一次在7月底至8月初，另一次可在9月下旬至10月下旬。试验证明：夏采的银杏叶片药用含量最为充分，且采叶后很快便可发出新叶，只要加强抚育管理，对苗木的生长并无明显的影响。未经嫁接的银杏幼树和银杏雄株，均可一年两次采叶。

2. 采收方法

第一次在夏季的7月底至8月初，除顶梢保留8~10片叶外，其余全部采下，并及时晒干。第二次则应在深秋采收，以保证叶片的充分发育，但最迟不应超过10月下旬，以防止叶片变黄质量下降。采收下来的叶片要及时铺于平地上摊开晾晒，并不断翻动叶片，促使其干燥，干燥的时间越短，叶片的质量越高。如场地缺乏，也可置苇箔上摊晒。白天晒，晚上堆，并用草席遮盖。如遇阴雨应及时收起置通风良好的室内摊晾还应经常翻动。

3. 叶片贮藏

干燥之后的银杏叶片，只要叶片中的含水量低于10%，即可在室内进行堆藏，或将充分干燥的叶片装袋打包严密封藏，一般不会发生霉变。但散装叶片，如需长途运输，过分干燥则会使叶片在装卸过程中容易碎裂，应于装车前一日将叶片摊放于潮湿的土地上以恢复叶片弹性。鲜叶应尽量避免长途运输,如必须长途运输,也应隔层摊放,加强通风,以防发热霉烂造成损失。长期贮藏待用的银杏叶片,不仅应重新充分干燥,而且要严格分级去杂,以便分别使用。

三、银杏的加工及利用

(一) 银杏叶中黄酮类化合物的提取

目前常用的提取银杏叶中黄酮的方法主要是有机溶剂提取法。常用有机溶剂有丙酮、甲醇、乙醇等,因为甲醇和丙酮具有毒性,所以采用乙醇—水作为提取剂比较合适。

1. 工艺流程

干燥银杏叶 → 粉碎 → 浸取 → 过滤 → 减压蒸馏 → 银杏浸膏粗提物 → 二氯甲烷萃取 → 减压除去溶剂 → 干燥 → 产物

2. 操作要点

提取液为体积分数70%的乙醇—水溶液,提取银杏叶中黄酮类化合物的最佳工艺条件为:浸提温度80℃,固液质量比1∶7。黄酮类化合物的物理化学变化在提取分离时已经开始,并延续至浓缩干燥过程。银杏叶黄酮类化合物在受热时容易发生酚性氧化反应,从而使活性成分的含量降低,常用的干燥方法有喷雾干燥、真空干燥、微波干燥、常压烘干等方法。喷雾干燥因受热时间短,有效成分破坏较少,为较先进的干燥方法,可减少黄酮损失。微波干燥在利用高速旋转的水分子达到加热的同时,也加速了对苷类成分的水解。

(二) 银杏白果粗多糖的提取

取银杏白果200g,粉碎后分3次加入3000mL的蒸馏水,75℃共浸提8h。合并过滤液,置旋转蒸发器中于45℃浓缩至过滤液原体积的30%。将浓缩液以3000r/min的速度离心15min,取上清液,加入3倍体积的95%乙醇沉淀粗多糖。收集沉淀,加入适量蒸馏水,充分复溶、透析,Sevag法去蛋白,反复多次,至280nm紫外检测无明显吸收峰。再以3倍体积的95%乙醇沉淀多糖,最后经无水乙醇脱水,丙酮、乙醚洗涤,得银杏白果粗多糖,得率为0.87%。

(三) 银杏固体饮料

代表产品银杏精,为乳黄色颗粒状,疏松多孔、易溶于水,在80℃以上的水中迅速溶解为均匀的乳状液,有浓郁的白果香气和特有的微苦味。

工艺流程:

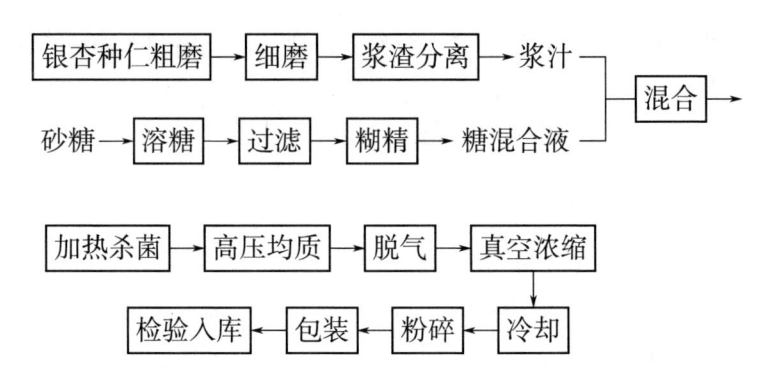

```
银杏种仁粗磨 → 细磨 → 浆渣分离 → 浆汁 ┐
                                        ├→ 混合 →
砂糖 → 溶糖 → 过滤 → 糊精 → 糖混合液 ┘

加热杀菌 → 高压均质 → 脱气 → 真空浓缩
                                    ↓
检验入库 ← 包装 ← 粉碎 ← 冷却
```

（四）银杏叶保健食品

1. 银杏叶饮料

工艺流程：

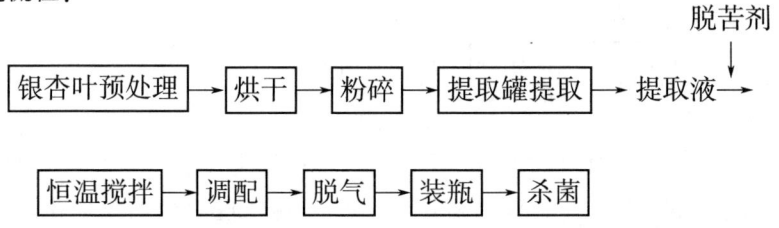

```
                                        脱苦剂
                                          ↓
银杏叶预处理 → 烘干 → 粉碎 → 提取罐提取 → 提取液 →

恒温搅拌 → 调配 → 脱气 → 装瓶 → 杀菌
```

操作要点：采收成熟银杏叶，去除杂物及腐烂叶后用清水反复冲洗2~3次，沥干水分放入烘房（或烘箱）中烘干，温度65~70℃，时间4~6h，烘至含水量4%~6%，用粉碎机将银杏叶粉碎成40目左右的细粉，将其加入多功能提取罐中，再加入20倍水，于95℃保持1h后，将提取液泵入冷热缸中存放。再向多功能提取罐中加水在同样条件进行第2次提取，共提取5次，合并提取液，加入0.05% BH-6型复合脱苦剂，加热至45℃保持恒温，充分搅拌40min，将苦味脱除，经板框或布袋压滤机精滤，去除较大颗粒。然后经过两道精滤，得到澄清度极高的提取液，适当加入工艺用水、糖、酸及多种食品添加剂，然后采用真空脱气机脱气，条件：0.07~0.08MPa，温度30~50℃，装瓶，采用卧式杀菌锅，杀菌温度108℃，保持10min，淋水冷却至37~38℃。最后获得淡黄褐色，风味独特，酸甜适度，清香诱人，具有银杏叶特有气味与风味的银杏叶饮料。

2. 银杏叶酒

银杏叶的前处理工艺同"银杏叶饮料"。将粉碎的银杏叶加入10倍量70%食用酒精，浸泡48h，将提取液泵入存贮缸内存放；再向提取罐中加入5倍量70%食用酒精重复提取2次，将3次提取液合并，向其中加入0.05% BH-6型复合脱苦剂，加热至45℃保持恒温，充分搅拌40min，将苦味除去。经板框压滤机精滤，去除较大颗粒。然后经过两道精滤，得到澄清度极高的提取液，适当加入工艺用水、酒、糖、酸以及多种食品添加剂，调配成风味独特、清香诱人的保健酒，最后装瓶、入库。

3. 银杏叶保健饮料

配方：银杏叶提取液55%，洋槐蜜44%（39~40°Bé），柠檬酸，苯钾酸钠，调味剂适量。

工艺流程：

将干燥银杏叶切碎 → 煮汁两次 → 合并二次滤液 → 低温（0~4℃）下冷藏24h → 过滤去沉淀 → 加洋槐蜜汁（熬炼1h，蜜浓度39~40°Bé）→ 加柠檬酸调pH至4左右 → 加苯钾酸钠 → 无菌条件下灌装

产品特点：色泽红褐，风味柔和，清香宜人，酸甜可口。

4. 银杏叶茶

用银杏叶按绿茶制作工艺制成，外形与绿茶相似，茶汤黄褐色，银杏香气浓郁，稍苦，也可以加茉莉花等焙制成花茶；也可将成品粉碎，用包装机制成银杏叶袋泡茶。

其工艺流程为：

银杏嫩叶 → 杀青 → 揉捻 → 炒青 → 摊晾 → 复炒 → 过筛 → 成品包装

参考文献

[1] 王昆，但传才，胡翔，等．桑葚花色苷通过激活 PI3K-Akt-mTOR 通路抑制自噬改善血管内皮细胞的形态与功能［J］．重庆医学，2025：1-14．

[2] 唐秋梅，韩雪，杨光勇，等．基于宏基因组学探究葛根芩连汤改善抗生素相关性腹泻 SD 大鼠模型菌群失调的作用机制［J］．中国实验动物学报，2024，32（11）：1379-1389．

[3] 尚莹，朱一栋，张慧，等．枸杞子乙酸乙酯提取部位化学成分及生物活性研究［J］．天然产物研究与开发，2025，37（1）：57-64．

[4] 赵悦，褚天旭，高哲，等．超声辅助低共熔溶剂提取欧李原花青素工艺优化及其生物活性［J］．食品工业科技，2025：1-23．

[5] 王令智，陈平，郭振华，等．复合酶辅助超声波提取刺梨总黄酮的工艺优化及其抗氧化活性研究［J］．饲料研究，2024（20）：91-96．

[6] 王庆福，黄清铧，王丽宁，等．灵芝子实体中粗多糖的制备及其抑制血管生成活性初步评价［J］．菌物学报，2025：1-16．

[7] 薛帅，沈玲霜，陈俊艳，等．基丁非靶代谢组学研究薏苡仁脂亚微乳诱导胰腺癌细胞铁死亡的分子机制［J］．中草药，2024，55（21）：7313-7324．

[8] 王宇杰，王倩，徐欢欢，等．葛根素对 PEDV 感染仔猪肝脏和腓肠肌以及 3D4/21 巨噬细胞基因表达的影响［J］．中国畜牧杂志，2024，60（12）：302-308．

[9] 甘慧琴，梅陈松，关志宇，等．葛根多糖载葛根素纳米粒温敏凝胶的制备及其药动学研究［J］．中草药，2024，55（21）：7238-7247．

[10] 王清，周舟，刘涛，等．超声辅助低共熔溶剂提取板栗壳中黄酮类物质及动力学分析［J］．现代食品科技，2025：1-12．

[11] 袁丽娟，聂戈斌，何怀阳．银杏叶提取物联合耳穴压豆治疗冠心病心绞痛的效果分析［J］．中国疗养医学，2024，33（11）：59-62．

[12] 王英辉，王雨辉，熊佳瑶，等．葛根素纳米银合成及光热杀菌和促糖尿病感染伤口愈合作用研究［J］．化学学报，2024，82（11）：1150-1161．

[13] 陈瑜，陈慧敏，王立丹，等．银杏双黄酮抑制 PIK3CA 突变驱动的淋巴管畸形的研究［J］．中国临床药理学杂志，2024，40（20）：2998-3002．

[14] 孟凡玲，李亚楠，王思予，等．香菇多糖能够有效抑制 α 突触核蛋白聚集、解组装淀粉样蛋白聚集体并保护多巴胺能神经元（英文）［J］．Science China

（Materials），2024，67（12）：3898-3907.

[15] 刘沿浩，王建栋，付玉杰. 刺梨叶中三萜类化合物的分离纯化与鉴定［J］. 植物研究，2024，44（6）：822-831.

[16] 朱建宇，杨剀舟，王翔宇，等. 核桃高值化加工工艺研究进展［J］. 中国油脂，2025：1-20.

[17] 艾洪湖，程艳芬，云少君，等. 香菇中麦角甾醇的提取纯化、表征及其抗氧化活性［J］. 食品研究与开发，2024，45（20）：25-34.

[18] 郭小宇，姚远. 蓝莓小浆果 产业大体量［N］. 吉林农村报，2024-10-15.

[19] 苏云珊，景秋菊，宋岩，等. 小浆果在膳食补充品中的应用研究［J］. 食品安全导刊，2024（29）：119-121.

[20] 周玉芳，刘玉琴，黄绍权，等. 不同生长阶段紫灵芝中多糖、三萜和甾醇的含量测定及其抗氧化活性研究［J］. 中国食用菌，2024，43（5）：67-72.

[21] 李亚楠，潘芯楠，陈佳瑶，等. 中药乌梅与抗生素协同作用对四种鱼源菌抑菌效果评价［J］. 水产学杂志，2025：1-9.

[22] 李波，吕鹏飞. 银杏源性三粒小麦黄酮对力竭游泳大鼠心肌氧化应激和炎症反应的保护作用［J］. 分子植物育种，2024，22（22）：7564-7571.

[23] 张璟宏，周辉霞. 清心莲子饮化裁联用右佐匹克隆片治疗更年期失眠症（气阴两虚型）的临床观察［J］. 医学理论与实践，2024，37（19）：3310-3312.

[24] 高云峰，张亮. 银杏叶提取物注射液联合尤瑞克林治疗急性脑梗死患者的效果［J］. 中国民康医学，2024，36（19）：92-95.

[25] 魏东升，刘雨婷，李涵，等. 基于生物信息学和中性粒细胞胞外诱捕网效应探讨银杏叶提取物减轻心肌梗死后心肌损伤的机制［J］. 中国医科大学学报，2024，53（10）：870-876.

[26] 章烨雯，蓝覃瑞，植枝敏，等. 超声波辅助低共熔溶剂提取胡萝卜中的番茄红素［J］. 山西化工，2024，44（9）：21-24，28.

[27] 张瑶，唐凤仙，单春会，等. 桑葚葡萄复合果酒发酵工艺响应面法优化［J］. 中国酿造，2024，43（9）：157-163.

[28] 韩保林，张淑凡，邹玉锋，等. 低醇桑葚酒酵母的筛选及果酒发酵工艺优化［J］. 中国酿造，2024，43（9）：170-176.

[29] 齐慧，武小芬，刘安，等. 破壁前后灵芝孢子粗多糖含量、结构及单糖组成对比分析［J］. 食品研究与开发，2024，45（18）：15-22.

[30] 梁劲杰，赵艺，褚辉程，等. 薏苡仁谷蛋白胃肠模拟消化及工艺优化［J］. 中南药学，2024，22（9）：2307-2313.

[31] 李金洋，胡婷婷，王雨心，等. 枸杞决明子功能性酸奶的发酵工艺研究［J］. 兰

州文理学院学报(自然科学版),2024,38(5):93-99.

[32] 张卓群,董坤,姚琳,等.越橘叶现代药理作用研究进展[J].中国中医药科技,2024,31(5):965-967.

[33] 高清山.我国草莓产业的现状分析及发展趋势研究[J].果树资源学报,2024,5(5):79-82,87.

[34] 石春杰,郭方圆,于晓峰,等.空心莲子草多糖的提取研究[J].商丘师范学院学报,2024,40(9):22-26.

[35] 刘俊潼,田蓉,刘春铄,等.薏苡仁的降脂活性及其作用机制研究进展[J].特产研究,2024:1-8.

[36] 药食同源物质撬动保健食品千亿市场[N].中国食品报,2024-08-29.

[37] 袁永旭,黄志程,贡永鹏,等.榛子青皮多糖的提取工艺优化及其抗氧化活性评价[J].饲料研究,2024,47(16):79-84.

[38] 杨亚,李瑞煜,冯五文,等.薏苡仁多糖提取纯化、结构表征及药理作用研究进展[J].中华中医药学刊,2024:1-24.

[39] 廖兰,林思童,梁骏峰,等.药食同源薏苡仁药理活性成分的研究进展[J].食品科学,2024:1-15.

[40] 慕妮,杨俊,周易枚,等.气相色谱-质谱联用仪测定生干黑芝麻及芝麻油中脂肪酸组成的研究[J].粮食与食品工业,2024,31(4):65-69.

[41] 王颖异,朱悦,王育良,等.枸杞子-菊花药对提取物对豚鼠光源性近视模型的影响及机制研究[J].南京中医药大学学报,2024,(8):785-794.

[42] 牛美兰,董建银,温泉,等.猴头菇多糖对CNP大鼠模型炎性因子及免疫球蛋白的影响[J].黄河科技学院学报,2024,26(8):1-6.

[43] 蒋德旗,梁瑞兰,刘珂,等.罗汉果苷V对多巴胺能神经元炎症损伤的保护作用[J].天然产物研究与开发,2024,36(11):1931-1938.

[44] 卢晓凤,骆隽言,韦明涵,等.罗汉果甜苷与黄芪多糖联用对小鼠骨骼肌抗氧化能力的影响[J].南方农业学报,2024,55(7):1925-1934.

[45] 周嫦,彭珑萍,董艺丹,等.决明子治疗高脂血症的网络药理学研究及斑马鱼实验验证[J].上海中医药大学学报,2024,38(4):71-80.

[46] 聂健,杨水莲,陈嘉博,等.灵芝子实体多糖提取工艺优化及其抗氧化活性研究[J].农业工程,2024,14(7):104-110.

[47] 吕俞娇,周姝婷,王丽娜,等.灵芝活性成分抗肿瘤机制研究进展[J].中国临床药理学与治疗学,2024,29(8):947-954.

[48] 马传贵,沈亮,张志秀.猴头菇多糖的提取、结构特性及药理作用研究进展[J].食药用菌,2024,32(4):239-245.

[49] 张润梅，乌凤章．笃斯越橘 E3 连接酶基因 VuARI2 的克隆及其抗寒功能分析［J］．西北植物学报，2024，44（9）：1420-1432.

[50] 刘彬昕，李晔男，关欣，等．蓝靛果忍冬产业发展的现状、问题及建议［J］．北方果树，2024（4）：53-55.

[51] 王乐琪．笃斯越橘和狗枣猕猴桃提取物抗炎及助眠的细胞和果蝇模型评价［D］．哈尔滨：东北林业大学，2024.

[52] 邓雅文，董同力嘎，云雪艳．沙棘和酸浆果提取物对烤鸡胸肉丙烯酰胺含量变化的影响［J］．食品与发酵工业，2025：1-9.

[53] 王永乐，李燕利．寒地浆果产业发展研究——以黑河市为例［J］．黑河学刊，2024（3）：15-19.

[54] 王静，侯文静，刘延波，等．响应面法优化芡实露酒浸提工艺［J］．粮食与油脂，2024，37（5）：104-107.

[55] 姜依晴，黎倍秀，郑文雄，等．猴头菇多糖功能活性及新产品开发的研究进展［J］．食品研究与开发，2024，45（9）：212-219.

[56] 王琼，许凤清，邓梦云，等．芡实壳提取物的抗氧化活性及对口腔溃疡模型大鼠的治疗作用［J］．南方医科大学学报，2024，44（4）：787-794.

[57] 罗晓莉，吴素蕊，华蓉，等．6 种常见野生食用菌的营养功能特性分析及产业发展建议［J］．中国食用菌，2024，43（2）：1-10.

[58] 苑蕾，刘海燕，张静玉，等．榛子花生复合酱加工工艺优化和品质测定［J］．中国调味品，2024，49（4）：134-137.

[59] 王丹阳，吴珍珍，史海明，等．高效液相色谱法测定芝麻和芝麻酱中草酸的含量［J］．中国油脂，2025：1-11.

[60] 木慧，杨申明，王振吉，等．松子壳多酚超声波辅助提取工艺优化及其抗氧化性评价［J］．中国饲料，2023（23）：61-68.

[61] 吴小杰，邹滨，赵海桃，等．刺玫果黄酮对胰岛素抵抗 HepG2 细胞糖代谢功能研究［J］．林产化学与工业，2023，43（3）：41-48.

[62] 张继舟，袁磊，于志民，等．大兴安岭地区笃斯越橘铅和镉的吸收特性及污染评价［J］．土壤通报，2023，54（3）：703-712.

[63] 佟思漫．刺玫果黄酮对黄嘌呤氧化酶抑制及槲皮素微胶囊制备表征［D］．长春：吉林大学，2023.

[64] 崔遥．刺玫果活性成分的提取及化学成分分离［D］．吉林：吉林化工学院，2023.

[65] 张秀娟．笃斯越橘果渣花青素的提取优化与活性评价［D］．哈尔滨：东北林业大学，2023.

[66] 王瑶. 蓝靛果忍冬籽油微胶囊制备及其降脂、抗氧化活性评价[D]. 哈尔滨：东北林业大学, 2023.

[67] 杜月娇, 秦宇婷. 山葡萄原花青素在食品中的稳定性研究[J]. 食品安全导刊, 2022 (34): 83-85, 89.

[68] 王化. 笃斯越橘中抗氧化活性物质单体分离及相关功能研究[R]. 哈尔滨: 黑龙江省科学院自然与生态研究所, 2022-11-21.

[69] 王化, 李梦莎, 何丹娆, 等. 笃斯越橘对心肌细胞氧化损伤的保护及UPLC-MS分析[J]. 中国食物与营养, 2023, 29 (3): 45-50.

[70] 杨冠松, 杨创凤, 刘昕然, 等. 野生食用种子植物资源及多样性研究[J]. 种子, 2021, 40 (3): 59-63.

[71] 唐敬思, 王红梅, 佟锰, 等. 蓝靛果忍冬花色苷的研究进展[J]. 食品研究与开发, 2020, 41 (16): 220-224.

[72] 修志儒, 阚默, 于澎, 等. 松子蛋白改善脑缺血再灌注损伤小鼠的认知学习能力作用研究[J]. 长春中医药大学学报, 2020, 36 (6): 1160-1162.

[73] 陈卓, 赵云龙, 王嘉婧, 等. 长白山特色野生果蔬植物资源开发利用潜力研究[J]. 种子科技, 2019, 37 (9): 88-90, 92.

[74] 陈锋, 于翠翠. 野生食用植物资源的开发利用现状及前景分析[J]. 现代食品, 2018 (19): 32-34.

[75] 王英伟. 我国野生食用植物资源利用现状及问题[J]. 林业勘查设计, 2017 (3): 67-70.

[76] 沈秀芝. 内蒙古大兴安岭林区野生经济植物资源开发利用现状及对策[J]. 内蒙古林业调查设计, 2014, 37 (3): 29-30.

[77] 王忠福, 丁崇一, 吕伟, 等. 我国食用野生植物资源开发利用现状简述[J]. 内蒙古林业调查设计, 2012, 35 (3): 85-86.

[78] 邵则夏. 野生浆果的食用药用价值及其开发利用[J]. 云南林业科技, 1991 (4): 45-48.